U0724448

服装面料再造艺术

徐 强◎著

陕西师范大学出版总社 西安

图书代号 SK24N2513

图书在版编目（CIP）数据

服装面料再造艺术 / 徐强著. -- 西安 ：陕西师范
大学出版总社有限公司，2024. 12. -- ISBN 978-7-5695-
5123-5

Ⅰ. TS941.41

中国国家版本馆 CIP 数据核字第 20248PT679 号

服装面料再造艺术
FUZHUANG MIANLIAO ZAIZAO YISHU

徐　强　著

特约编辑	张茁卓
责任编辑	刘梦楠　王元凯
责任校对	郅　然
封面设计	知更壹点
出版发行	陕西师范大学出版总社
	（西安市长安南路 199 号　邮编　710062）
网　　址	http://www.snupg.com
印　　刷	三河市南阳印刷有限公司
开　　本	710 mm×1000 mm　　1/16
印　　张	9.25
字　　数	185 千
版　　次	2025 年 6 月第 1 版
印　　次	2025 年 6 月第 1 次印刷
书　　号	ISBN 978-7-5695-5123-5
定　　价	72.00 元

作者简介

　　徐强，男，出生于 1976 年 12 月，汉族，吉林人，中共党员，毕业于西安工程大学，硕士研究生学历，现为湖州师范学院副教授、服装与服饰设计专业负责人。荣获"福建省十佳服装设计师""福建省服装设计行业技术能手""福州市教育系统先进工作者"荣誉称号。主要研究方向为民族民间服饰文化及其创意设计。主持教育部人文社会科学研究项目 1 项，主持福建省社会科学规划项目 1 项，主持福建省本科高校教育教学研究重大项目 1 项，主持福建省教育科学"十三五"规划项目 1 项，主持福建省中青年教师教育科研项目 1 项，主持市厅级项目 5 项。发表科研、教研论文 150 余篇，其中在核心期刊发表的论文有 30 余篇。

前　　言

　　随着社会与科技的快速发展，在服装面料的开发运用上，艺术与技术前所未有地紧密结合在一起，服装设计师必须对此有足够的认识和准备，现代的面料设计已经从过去被动的静止状态，转化为一种活跃的创新状态。面料设计与服装设计的融合既是当前现实，又是发展趋势，各种面料的处理手法和各种工艺形式层出不穷，服装面料的组合和再创造逐渐成为服装设计又一次新的突破，并成为提高服装产品附加值的重要手段。随着现代科技的发展，服装面料再造艺术已逐渐成为服装设计转变的方向，它不仅符合服装时尚发展的要求，也是服装设计观念转变的体现，为设计师越来越个性化的表达提供了更为广阔的空间。

　　服装面料再造的目的是提升服装及其所用面料的美学艺术效果，最大限度提高服装产品附加值。作为服装设计四大构成元素之一的面料，经过二次设计更能符合设计师的构想，可以给服装在整体上带来更强烈的冲击力和特殊的视觉效果。在款式变化受到服装功能性需求的限制时，服装面料再造艺术可以充分发挥面料的可塑性，为丰富与拓展服装设计思路、创造奇妙的形式质感和外观效果提供了可能，使设计师有了更广阔的创造和选择空间。服装面料再造艺术同时也是面料再利用的过程，既体现了节约资源的理念，又减少了生产成本，为面料的开发和创新增加了新的手段。服装面料再造艺术是服装行业的一次技术革新，它通过对旧面料进行二次设计，改变了服装面料原有的质感、观感及服用性能，既降低了成本又提高了服装的附加值。服装面料再造艺术通过对面料的再造，积极有效地促进了我国传统服装制作工艺的提升和扩展，为继承发扬这些传统工艺的精髓提供了思路和方法。

　　本书图文并茂地描述了服装面料再造艺术的各种工艺方法，分析总结了在服装面料的二次设计中面料的性能和外观发生的变化，进一步明确了服装面料再造艺术在艺术创作中的地位，让服装面料再造艺术成为服装设计的新突破口。

　　本书共有五章。第一章为绪论，主要内容包括服装面料再造艺术概述、服装面料再造艺术的意义、服装面料再造艺术的设计原则；第二章为服装面料再造艺术的应用范围，主要内容包括服装面料再造艺术在服装品牌中的应用、服装面料再造艺术在时装竞赛中的应用、服装面料再造艺术在设计师作品中的应用；第三章为服装面料再造艺术的创作，主要内容包括服装面料再造艺术的创作构成、服装面料再造艺术的创作源泉、服装面料再造艺术的创作方法；第四章为服装面料再造艺术的设计及加工方法，主要内容包括服装面料的触觉肌理——造型设计、服装面料的视觉肌理——外观设计、服装面料的组合设计、服装面料的工业化加工方法；第五章为服装面料再造艺术的具体应用，主要内容包括服装面料再造艺术在不同服装风格中的运用、服装面料再造艺术设计实践。

　　为了确保研究内容的丰富性和多样性，笔者在写作过程中参考了大量研究文献，在此向涉及的专家学者表示衷心的感谢。限于笔者水平，加之时间仓促，本书难免存在一些不足之处，在此，恳请同行专家和读者朋友批评指正！

目　　录

第一章　绪论 ……………………………………………………………… 1

第一节　服装面料再造艺术概述 ………………………………………… 1

第二节　服装面料再造艺术的意义 ……………………………………… 2

第三节　服装面料再造艺术的设计原则 ………………………………… 5

第二章　服装面料再造艺术的应用范围 ………………………………… 7

第一节　服装面料再造艺术在服装品牌中的应用 ……………………… 7

第二节　服装面料再造艺术在时装竞赛中的应用 ……………………… 11

第三节　服装面料再造艺术在设计师作品中的应用 …………………… 17

第三章　服装面料再造艺术的创作 ……………………………………… 23

第一节　服装面料再造艺术的创作构成 ………………………………… 23

第二节　服装面料再造艺术的创作源泉 ………………………………… 28

第三节　服装面料再造艺术的创作方法 ………………………………… 32

第四章　服装面料再造艺术的设计及加工方法 ………………………… 37

第一节　服装面料的触觉肌理——造型设计 …………………………… 37

第二节　服装面料的视觉肌理——外观设计 …………………………… 83

第三节　服装面料的组合设计 …………………………………………… 95

第四节　服装面料的工业化加工方法 …………………………………… 101

第五章　服装面料再造艺术的具体应用 ·· 109

　　第一节　服装面料再造艺术在不同服装风格中的运用 ·············· 109

　　第二节　服装面料再造艺术设计实践 ·· 115

参考文献 ·· 137

第一章 绪论

服装面料具有质感、量感，可以直接左右服装的色彩、造型，通过再造艺术，形式单一的服装面料可以变得肌理形态丰富。服装行业正趋向多元化和个性化发展，对服装面料的要求越来越高。本章围绕服装面料再造艺术概述、服装面料再造艺术的意义、服装面料再造艺术的设计原则展开论述。

第一节 服装面料再造艺术概述

随着服饰文化的不断发展，服装面料再造艺术也在不同时期产生了相应的变化，成为服装设计中十分重要的环节和手段。服装面料再造艺术既是微观的，又是宏观的，涉及的领域非常多，因此，设计师只有在理论上对服装面料再造艺术有系统的认识，才能在实践中正确地把握和利用它。

一、服装面料再造艺术的概念

服装面料再造艺术指的是设计师针对服装设计创作的需要，在现有的织物产品的基础上，根据产品面料本身的特性，使用各种服饰加工手段对面料进行再处理，实现现有服装面料的再创新。服装面料再造艺术可以创造出丰富多样的视觉肌理和触觉肌理，从而使面料的造型和外观具有强烈的视觉冲击力和丰富的触觉质感。这些变化有助于实现服装性能的优化升级，提升服装设计的艺术表现力，满足特定的设计需求。

二、服装面料再造艺术的方式

服装面料再造艺术主要通过物理和化学两种方式实现。物理方式包含抽褶、珠绣、刺绣、拼接、裁剪等；化学方式指的是使用化学物质改变面料已有的外观形态。这两种方式能够改变面料的外观，如色彩、肌理、触感和质感等，可以使面料由原来平坦的、单一的外形结构变为较规则的几何形状、抽象的肌理纹样或立体化的外观形态等，赋予面料以全新的风格，使其成为一种具有节奏感、韵律感、立体感和浮雕感的创意服装面料，从而提升服装的个性化视觉效果，并扩展了面料的表现空间和应用领域。

三、服装面料再造艺术的特点和发展

服装面料再造艺术可以弥补面料本身表现力不足的缺陷，增强面料的独特性。服装面料再造艺术处理有助于满足消费者对服装多样化的审美需求。面料的再造艺术，形式上既可以是二维的，又可以是立体的，其设计创意性强且操作灵活，不必使用昂贵的设备技术，其目的就是通过具体的处理方式，使面料原有的形态发生变化，进而产生风格独特的艺术效果，使服装设计作品更加生动、更具匠心、更有个性。

服装面料再造艺术也并非新鲜事物，在传统的手工装饰技艺中，有很大一部分是面料再造工艺，如蜡染、扎染、提花、编织、镶、嵌、荡、滚等。这些传统的纺织品加工方法，经过不断发展完善，逐步产生了独特的创作理念和艺术语言。有些装饰技艺已成为我国非物质文化遗产，如已有 4000 年发展历史的刺绣工艺，"四大名绣"苏绣、湘绣、粤绣和蜀绣以精美绝伦的技艺而名扬海内外。起源于14 世纪欧洲的抽纱工艺和早在古埃及时期就被广泛使用的挑花工艺等，最初被广泛应用于制作贵族的服饰和其他日常用品。在现今服装设计中，市场竞争加剧和社会崇尚原创风格，促使设计师充分认识到面料再造艺术的重要性，并推陈出新，进一步丰富服装设计的表现形式。

第二节　服装面料再造艺术的意义

纺织行业现今正趋向多元化、个性化的买方市场，国内外服装设计领域对面料的要求正趋向以创意性设计为主导，这种趋势更加突显了面料再造艺术的发展优势，设计师通过改良面料的视觉审美风格和触觉质感，提升了服装的附加值和产品竞争力。

一、服装面料再造艺术可以使设计主题更准确

在服装面料加工领域，各种装饰技法层出不穷。为了突显服装设计作品的主

题，设计师对现有面料和材料进行分解和重构，创造出全新的组合，如采用手绘、蜡染、扎染等技法使织物呈现具象或抽象的图像以传达一定的理念、表达不同的主题、展现不同风格的美学思想。设计师通过塑造面料不同的艺术特质，将服装设计的创新风格锁定在特定领域，其原创作品从面料选择入手，力图唯一性，不仅能弥补流水线生产的产品固化倾向，也使设计的主题和风格在丰富多变的基础上更加具体准确，从而有效拓展创作空间。

二、服装面料再造艺术可以使装饰效果更明显

传统的服装面料多为天然软纤维，而现代的服装面料则更加多样化。除了常见的人工纤维与合成纤维，还有非人造材质的羊毛、棉、麻、丝等。服装面料的丰富使得服装行业得以革新，具备了更高的创新能力和可持续发展的潜力。各类面料的材质特性差异显著，这赋予了服装艺术语言在款式与结构方面新的表达方式，同时也为设计师提供了更多的设计思路。

在面料上附加各种各样的装饰技法能使其具有显著的视觉效果变化，在素色的服装面料上使用装饰技法能使图案更鲜明、生动、立体。有着悠久发展历史的中国刺绣，不仅是一种艺术，也是一种技术手法，种类十分丰富，湘绣、粤绣、蜀绣、苏绣等各种民间刺绣工艺各具特色，有很高的艺术欣赏价值，广泛应用于服装、纺织、饰品、家居等行业。各种各样巧妙的服装面料再造艺术在现代服饰上的运用，为服饰增添了许多亮点和特色，既强调了中华传统文化元素，又顺应了流行趋势，从而产生了稳固的消费群体。中国古老的扎染技术使用纱、线、绳等材料，对织物进行扎、缝、缠、扣、夹等多种方式处理后，加以染色，使被扎结部分保持原色，而未被扎结部分均匀染色，染成的图案纹样稚拙古朴、新颖别致，一直有着固定的消费群体。随着传统工艺的不断改进和创新，具有中国元素的刺绣、扎染等面料再造艺术始终受到国内外时装界的青睐。

三、服装面料再造艺术可以使图案和色彩更新颖

服装面料再造艺术是创新思维和工艺技术的碰撞。要想实现一个好的设计构思，并使其表现得精美绝伦，设计师可以运用再造设计真正实现服装作品的尽善尽美。在服装定制过程中，局部调整是常见的处理手段，可以实现色彩在整体上的呼应和协调。设计师通过化简为繁，丰富服装的色彩层次。由于面料再造艺术的自由特性，设计师可灵活地运用各类材料，而不同的材料具备其独特的色彩特性。另外，组合方式的不同也会导致不同色彩效果的出现，如灯芯绒在顺毛上和

倒毛上的纹样就不同于织花的图案形状和纹样特征。由此可见，设计师通过丰富的材料、多变的组合形式和多种多样的工艺手法，并利用视错效果、色彩叠加效果、材料混搭效果等，会得到意外收获。因此，在设计过程中，无论是以材质为基础、以色彩为基准、以工艺为依据，还是以排列方式来塑造色彩关系，都能极大地增强服装整体的色彩关联。此外，彩绣、贴布绣、绳饰绣以及饰带绣等组合法则是协调色彩对比的良好途径。设计师通过除法和减法的混合处理，可以使得基布的色彩得以展现，进而巧妙地提高色彩套数。例如，同一颜色的薄纱重叠后会展现出色彩的明度和彩度的变化，从而丰富面料色彩的层次感；不同色相的薄纱重叠在一起时还会出现晕色、间色效果。所以不管是加法或是减法，服装面料再造艺术都能有效地处理服装的整体色彩关系。

四、服装面料再造艺术可以使服装结构更富创意

服装设计中常采用对比的手法：在选用独特面料时，服装的款式及结构一般较为简练，意在突出面料的特性；在选择外观与质感平凡的面料时，服装的款式与结构往往较为新颖和独特，设计师用创新手法设计服装样式，来淡化面料的缺陷。服装面料再造艺术的核心理念在于为服装设计提供更为适宜的手段，从行为方式和立体构成的角度来看，它也与点、线、面在设计中的运用相呼应。服装面料再造艺术以美的构成法则和原理为基础，将点、线、面有机地整合在一起，以实现服装设计的创新。基于时尚性和创新性的考量，面料再造强调其在设计领域的独特性，核心特征是突出肌理效果，同时增加面料的立体感和光影效果，运用材料的点、线、面组合中的重复构成、近似构成、特异构成、渐变构成、发射构成、分割重组构成、密集构成、对比构成、肌理构成和空间构成等创新手法，共同塑造出富有创意的设计美学。

通过服装面料再造艺术，平面材料可以与立体构成相融合，从而丰富服装面料的表现形式。设计师将构成理论应用到服装的整体设计中，结合现代构成设计理念来丰富服装创意表达，从而增强服装的时尚感和个性美。

五、服装面料再造艺术可以使面料利用更充分

积压面料的再利用是一种有效的环保策略，其核心在于挖掘积压面料所蕴含的实际价值。积压面料的再利用并非仅限于原材料的运用，还包括使用各类创新设计技巧，对存量的面料进行重新塑造，进而改变服装面料的质感、触感，延长使用寿命，实现独特的设计效果。这种处理方式既完成了对库存积压的消解，又

降低了重购面料的成本。面料再造工艺不仅提高了服装的附加值，而且有效节约了资源。

随着经济发展和人们生活品质的提高，人们的服装审美观念也随之发生了变化，传统简单的款式已经无法满足顾客的要求，同时由于现在的服装市场上充斥着各种低档次面料，制约了服装的多样化、个性化发展。在这种状况下，面料再造艺术极大地丰富和开拓了服装设计的思路，使人们也有了多样化的服饰消费选择。

第三节 服装面料再造艺术的设计原则

在人类着装越来越关注个性化、多样化的今天，面料的肌理和色彩设计越来越成为设计师推陈出新的焦点。在服装造型中应用面料再造艺术，可以起到画龙点睛的作用，并与款式造型相呼应，产生新颖独特的魅力。面料、图案、细节、款式是服装设计的四大元素，其中面料是服装设计中最基本的元素，通过再造艺术的面料更能符合设计师心中的构想。成功的面料选择和设计会给设计师带来更好的创意设计理念和更多的创作灵感源泉。

对服装面料再造艺术的研究能进一步明确其在服装艺术设计中的地位，使服装面料再造艺术成为服装设计创新的突破口，旨在使面料的肌理结构多样化，既满足了设计师在艺术创意设计上的需要，又提高了服装的附加值。

为更好地提升服装审美水平，突出面料的特色，提高面料设计的原创性，提升面料的附加值，服装面料再造艺术应遵循以下设计原则。

一、以体现服装的功能性为原则

设计师应始终将服装的功能性、穿着对象、适用环境和款式风格等因素置于服装设计的核心位置，并在此基础上进行面料的重构设计，以实现服装外观的重塑。在成衣产品的设计原则中，功能性设计原则不可或缺。通过面料再造艺术，这一原则得以实现，并为服装的优化提供了有利条件。

二、以体现面料性能和工艺特点为原则

面料性能和工艺特点对服装面料再造艺术的实施具有重要影响，因此在充分考虑现有面料性能的基础上进行再设计是至关重要的。只有遵循面料性能规律，才能最大限度地发挥再造艺术功能，更好地展示作品的外观效果。

三、以丰富面料表面的装饰效果为原则

在进行面料再造艺术设计的过程中，为了更充分地体现艺术创新效果，设计师通常会选择风格和性能类型较为单一的面料，这种选择能够凸显其独特的装饰风格和表现力，提高再造艺术的原创性。

四、以实现服装产业经济目标为原则

服装产业需要充分认识到，商品属性、经济成本和价格竞争对服装成品产生了深刻的影响。不同类别的服装在应用服装面料再造艺术时具有差异性。尽管服装面料再造艺术能够提升服装产品的附加值，然而，此类设计在实现目标的过程中会因为实际情况出现堆砌设计，这种做法可能导致过度装饰，从而降低其实用性。为此，设计师需要根据具体情况进行适度的调整和创新。

第二章 服装面料再造艺术的应用范围

服装领域中的再造处理面料在不断演变，其应用范围越来越广泛。在国际服装设计中，这类面料受到设计师的青睐。因为面料的外观风格直接影响服装的整体效果，所以经过再造处理的面料可以提高服装的附加值已成为不争的事实。从高级时装到实用成衣，从衣品的各个部分到整件衣品，都不同程度地体现出面料再设计的独特艺术价值，面料的加工工艺也成为设计师考虑的一个要素，是弥补服装设计缺陷的一种非常有效的手段，可以在重塑面料的视觉审美特色与文化品位的过程中提高服装的附加值和竞争力。本章围绕服装面料再造艺术在服装品牌中的应用、服装面料再造艺术在时装竞赛中的应用、服装面料再造艺术在设计师作品中的应用展开论述。

第一节 服装面料再造艺术在服装品牌中的应用

随着品牌服装逐渐向时装化、个性化方向转变，其款式和面料呈现出夸张和创新的审美特点。除了传统的服装面料，工艺的进步和市场需求的多样化催生了众多富有个性的面料产品。本节接下来从女装、男装、童装三个方面分别列举几个具有代表性的服装品牌，简述其服装面料再造艺术的特征和意义。这几个服装品牌的消费对象比较具体，其设计和定位充分考虑了某个群体的消费习惯和特殊需要，生产批量适中，做工精细，风格多样，规格齐全，价格适宜。

一、女装品牌服饰

"渔"牌服饰在运用中国元素的基础上，摄取流行元素，在提升服装时尚感的同时，融入世界其他地域（如南美）的设计风格，演绎出中国文化的包容性与创新性。"渔"牌服饰将风格迥异的元素重新组合，产生强烈对比，使中外文化融为一体。图 2-1 中的服装，面料以天然纤维为主，采用彩色丝线刺绣、滚边的技法进行装饰，整体呈现出复古的风格；图 2-2 中的服装以纯棉面料为主，采用拼接、刺绣的装饰手法，整体呈现出前卫的风格。

图 2-1　刺绣、滚边设计服装　　　图 2-2　拼接、刺绣设计服装

二、男装品牌服饰

（一）INXX SPORTS

INXX SPORTS 是 INXX 旗下的高端潮流运动品牌，品牌强调服装的运动功能与街头文化相结合，体现潮流运动的先锋态度。面料以纯棉针织面料为主，品牌运用扎染、吊染、刷漆、彩绘等装饰手法对面料进行艺术再造，使服装呈现出时尚化、个性化的风格。图 2-3 中的服装运用扎染技艺进行面料再造；图 2-4 中的服装运用刷漆技艺进行面料再造。

图 2-3　扎染设计服装

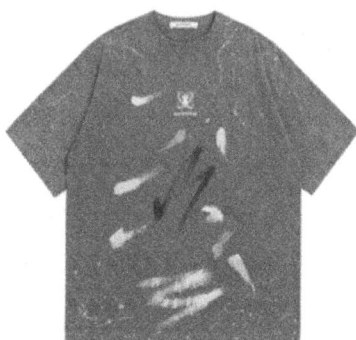

图 2-4　刷漆设计服装

（二）卡宾

卡宾服饰秉持"颠覆流行"的设计理念，结合国内原创元素与国际流行元素进行品牌设计。品牌风格以张扬、摩登、前卫、多变、独特、自由的个性为主，采用新颖考究的面料制作服装。图 2-5 中的服装运用刺绣技法进行装饰，图 2-6 中的服装运用贴布绣技法进行装饰，两件服装的面料再造艺术使服装呈现出立体的装饰效果，增强了服装的个性化风格。

图 2-5　刺绣设计服装

图 2-6　贴布绣设计服装

（三）杰克·琼斯

杰克·琼斯品牌服装的消费人群是机敏、活泼、时尚和热衷参与社会活动的青少年男性，品牌以国际化的创意设计观念，强调现代服装给人带来的独特感受。图 2-7 中的服装面料选用水洗棉织物，运用挂染面料处理工艺，实现对服装面料的再造艺术设计；图 2-8 中的服装运用贴标设计装饰手法，使服装呈现出朋克、时尚的风格。

图 2-7　挂染设计服装　　　　图 2-8　贴标设计服装

三、童装品牌服饰

（一）年衣

年衣服饰主要采用民族服饰元素进行设计，倡导原创个性化风格。该品牌服饰面料主要选用数码印花、喷绘、胶印等面料再造艺术。为了使设计的图案更清晰，服饰选用仿真丝、氨纶、锦纶等人造纤维面料制作。图 2-9 中的服装面料采用数码印花手法，民族图案与服装零部件融合，使服装既具有民族服饰文化元素，又具有时尚流行元素。

图 2-9　数码印花设计服装

（二）PPTOWN 巴巴小镇

PPTOWN 巴巴小镇是一个看重服装细节处理的原创设计品牌，在设计上结合了东方文化的沉稳意境和异域风格的热情活泼，大胆创新地运用了色彩与花朵元素，创造出优雅独特、带有欧美风格的童装产品，其面料再造艺术主要运用数码印花、印刷、绘画等装饰技法。图 2-10 中的服装面料采用印刷手法，异域风情的图案使服装产生了很强的视觉效果。

图 2-10　印刷设计服装

第二节　服装面料再造艺术在时装竞赛中的应用

近年来，在众多服装设计比赛作品中，面料再造艺术备受青年设计师的青睐，他们有着求新求异的参赛心理和独特个性的艺术表达需要，使面料再造艺术在这一舞台上有了更大的自由发挥的空间。

一、国内时装设计大赛

（一）"真皮标志杯"中国国际皮革裘皮时装设计大赛获奖作品

图 2-11 中的服装是"真皮标志杯"中国国际皮革裘皮时装设计大赛获奖作品，服装利用裘皮和皮革，在对不同材质的面料进行拼接组合后，在视觉上给人带来混搭和奇异的审美体验。例如，在皮革面料上嵌入不同质地的饰片材料，从而赋予衣料一种立体感较强的平面美学效果。

图 2-11　拼接设计服装

（二）"大连杯"国际青年服装设计大赛决赛作品

图 2-12 中的服装是"大连杯"国际青年服装设计大赛决赛作品，款式为不对称式。设计师把面料进行分割，用布条编织成具有渐变色彩效果的服装。

图 2-12　编织设计服装

（三）"汉帛奖"中国国际青年设计师时装作品大赛获奖作品

图 2-13 中的服装是"汉帛奖"中国国际青年设计师时装作品大赛获奖作品，设计师借鉴中国书法的泼墨手法喷绘面料，把泼墨与服装的线条巧妙结合。

图 2-13　喷绘设计服装

（四）中华杯国际服装设计大赛获奖作品

图 2-14 中的服装是中华杯国际服装设计大赛男装组金奖作品。大赛设计主题为"奥运来了"，设计师充分发挥自己的创造力，展现出多彩、积极、充满理想的未来时尚生活。该获奖作品采用面料编织设计，色彩呈现渐变的颜色，应用贴布绣的技法将祥云图案装饰在面料上，使图案更加突出生动。

图 2-14　贴布绣设计服装

（五）香港服装学院粤港杯服装设计大赛获奖作品

图 2-15、图 2-16 中的服装是香港服装学院粤港杯服装设计大赛获奖作品。在面料处理方面，设计师对面料进行漂染、饰片绣，对不同材质的面料进行有针对性的拼接，使整个系列色彩协调、款式变化丰富。

图 2-15　漂染设计服装　　　图 2-16　饰片绣设计服装

二、国外时装设计大赛

（一）日本东京新人设计师时装大赛作品

图 2-17 中的服装为日本东京新人设计师时装大赛金奖作品，服装的面料通过缩缝处理，形成凹凸起伏、温柔细腻的褶皱效果，这种纹理有着令人瞩目的观感，服装的门襟、领口部位采用有一定飘逸感的波形褶设计，有很强的视觉冲击力。

图 2-17　缩缝设计服装

图 2-18、图 2-19 中的服装是日本东京新人设计师时装大赛获奖作品，面料

缝线设计和剪开设计改变了面料的原有结构，形成另一种肌理结构状态，外套的设计露出里衣的色彩，增加了服装的层次感，呈现出空透之美，将面料的外观设计引向一个新的创造空间。

图 2-18　缝线设计服装　　　　图 2-19　剪开设计服装

（二）美日超级太空服装设计大赛作品

图 2-20 中的服装是美日联合举办的超级太空服装设计大赛作品。大赛的宗旨是将科学、艺术、物理和时装完美地结合在一起，设计的服装在保证功能和科技含量的同时，还要融入流行元素。该作品名称为《零重力婚纱》，设计师利用波形褶、荷叶边的柔软造型和流动的线条特征，将物体失去重力的飘动感体现得淋漓尽致。

图 2-20　褶皱设计服装

（三）俄罗斯"新世纪—新美学"时装设计比赛作品

图 2-21 中的服装是在莫斯科的扎伊采夫时装之家举行的"新世纪—新美学"时装设计比赛作品。在这次服装设计比赛中，来自俄罗斯各地众多知名企业的服装设计师大显身手，他们都不同程度地利用服装面料再造艺术手法展示了自己的创意服装。这款白色裙装就以精致的镂空花纹和飘逸的流苏见长。

图 2-21　镂空、流苏设计服装

（四）美国得克萨斯州立大学服装设计专业毕业比赛作品

图 2-22 中的服装是美国得克萨斯州立大学服装设计专业毕业比赛作品。服装的面料采用曲线拼接技法，平凸的造型呈现出丰富、强烈的立体对比。

图 2-22　曲线拼接设计服装

第三节　服装面料再造艺术在设计师作品中的应用

在国际高级时装领域，由于高级时装必须有 70% 的手工技法的规定，设计师通常会运用面料设计中的外观调整和组合手法，以丰富高级时装的组织结构和层次感，同时丰富内容和形态的表现。面料的视觉肌理与触觉肌理丰富多变，为服装设计提供了更多的选择。华丽的面料和琳琅满目的服装配件，让高级时装更显奢华的本色。服装面料再造艺术在高级时装设计领域大有作为，并且在运用的过程中不断变化和发展。

一、欧洲设计师对服装面料再造艺术的应用

（一）约翰·加利亚诺的面料附加设计

约翰·加利亚诺毕业于著名的中央圣马丁艺术与设计学院。在这个培养艺术家的摇篮里，约翰学过绘画和建筑，而最终选择了时装设计。其设计风格极具浪漫气息，绣花、流苏、花边等元素编织着奢华的宫廷色彩，展现出女性特有的风情和华丽气质（见图 2-23）。他利用面料的不同质感，塑造出如同雕塑、层层叠叠的视觉效果，采用不规则的设计形式，使面料焕发出不一样的生机，极具想象力。同时，他还在衣服上利用一些闪亮的假钻点缀，更加衬托出皇家宫廷般的奢华绚丽风格（见图 2-24）。

图 2-23　绣花设计服装　　　　　　　图 2-24　点钻设计服装

（二）让·保罗·戈尔捷的面料破旧立新设计

让·保罗·戈尔捷被视作时尚界的"顽固分子"，他的思维中充满无限的创意与想象，创作力持续不断地涌现。他追求在最基础的衣料款式上，破坏、处理、撕裂、粘贴或添加各种样式的装饰品，使用分解、配搭、混合等多种创作途径再造面料，充分展现夸张和诙谐的设计效果，把前卫、古典和奇异风格混合得令人叹为观止。他的设计表现为破旧立新，曾尝试将裙子与长裤分离，以内衣替代外衣，以钟乳石作为牛仔裤装饰，甚至以薄纱制成棉花糖般的衣物。总之，他的服饰变化多样，他的设计极富创新精神（见图 2-25、图 2-26）。

图 2-25 羽毛设计服装　　　　　　图 2-26 编结设计服装

（三）亚历山大·麦昆的多种材质创意设计

亚历山大·麦昆是英国著名的服装设计师，被誉为英国的时尚教父。他的设计充满创意性和戏剧性，作品的辨识度很高，多以狂野的表现形式呈现情感力量和浪漫情怀。他在同一个作品中采用强烈的造型对比，如柔弱与强大、传统与时尚等，面料多用创意材料设计而成，如填充、堆积、编织、印染等，作品具有细致的英式款式结构、精湛的法国重工技法和完美的意大利手工技艺特点。其2011 年春夏时装发布会的高定作品，分别用草编设计和线堆积设计进行面料再造，使服装呈现出夸张的造型和强烈的肌理效果（见图 2-27、图 2-28）。

图 2-27 草编设计服装

图 2-28 线堆积设计服装

二、亚洲设计师对服装面料再造艺术的应用

（一）张肇达的面料层叠、抽褶设计

张肇达的服装外观设计基本采用了经典西式晚装的 X 形状，甚至还会见到西方传统的紧身胸衣和裙撑的影子，面料的装饰多采用层叠、抽褶手法，色彩应用多种搭配，加上对西式晚装的解构变形，使服装的设计具有浪漫的形式美（见图 2-29、图 2-30）。

图 2-29 层叠设计服装

图 2-30 抽褶设计服装

（二）吴海燕的面料绘画设计

中国服装设计师吴海燕注重东方文化的传播，大量的真丝手绘和数码印花是其服装最大的亮点，她善于抓住真丝面料轻薄的特性，结合国画的精髓，在面料上描绘出水墨色彩的独特魅力。服装面料再造艺术在其作品中展现得淋漓尽致，她运用真丝手绘面料将东方传统经典图案呈现在服装上，真丝材质经毛笔晕化开，如同水墨画般细腻而传神（见图2-31）。她使用绘画手法传达一种中国传统意境，通过数码印花更强化了图案的细腻感和清晰度（见图2-32）。

图2-31　手绘设计服装　　图2-32　数码印花设计服装

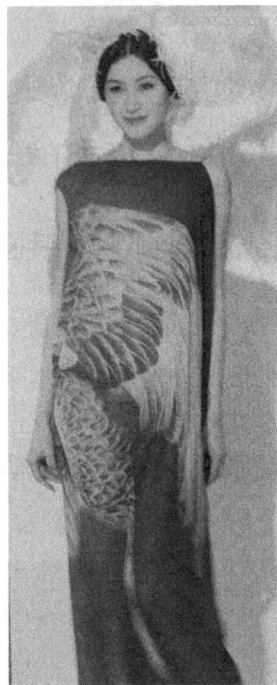

（三）三宅一生的面料褶皱设计

日本知名设计师三宅一生是运用褶皱技术相当娴熟的设计专家，他所创作的作品具有独特的风格，个性鲜明。评论界认为其作品是对活动的一种雕塑式呈现，在完美融合东西方文化的基础之上，尽情展示东方文化的神奇魅力。其设计注重服装的功能性，尊重穿着者的个性。他的服装留给穿着者充分的搭配空间，而不是将已完成的服装造型生硬地套在穿着者的体外。

　　三宅一生的设计中融入的是新设计思想、新材质、新款式与新的科技。例如，其选材新颖而大胆，不仅有日本宣纸、白棉布、针织棉布、亚麻、绗缝棉布、起皱织物、无纺布、涤纶，还有像香蕉叶片纤维的天然面料及人造纤维面料。三宅一生彻底颠覆了传统高级时装和成衣的平整光洁特性（见图2-33），在全球时装界获得"面料魔术师"的美誉。他喜欢黑色、灰色、暗色调、印第安的扎经染色以及充满东方浓郁情愫的晦涩色调，灵活运用各种大色块的几何图案进行剪裁拼接也是其服装特色之一（见图2-34）。他的服装作品充满东方古意，暗喻幸运的装饰图案也颇有特色。

图2-33　褶皱设计服装　　　　　图2-34　剪切设计服装

（四）艾莉·萨博的华丽装饰设计

　　黎巴嫩设计师艾莉·萨博一直以风格华丽见称，他的高级定制女装一贯呈现出精致的特性，作品融入大量的缀珠、刺绣、蕾丝、宝石、水晶等元素，典雅而华美。他创造了最奢华艳丽的晚礼服，成千上万瑰丽的梦境成就了他的设计灵感。

　　艾莉·萨博的2005秋冬高级定制服系列在巴黎备受瞩目，整场的华丽晚礼服重新营造了20世纪50年代的好莱坞风情。他将古董珍品般的艺术缀珠饰、成熟优雅的法式帝政紧身礼服、运用波浪褶皱的塔夫绸贵气端庄地呈现（见图2-35）。正式的晚宴服系列则装饰了大量的蘑菇色系混雪纺纱边饰，并缀以刺绣，更显高贵奢华（见图2-36）。

图 2-35　缀珠设计服装　　图 2-36　刺绣设计服装

第三章　服装面料再造艺术的创作

服装面料再造艺术的创作和服装设计创作类似，基本遵循"寻找灵感源泉→制定设计方案→筛选创作材质→确定制作技法→呈现面料实物"的顺序。精美的面料设计作品给予人精神层面和物质层面的双重享受，高超的制作技法将灵感与面料完美融合。设计师在创作时必须对面料再造的产品有一个大致的规划，详细考虑产品的质感肌理、视觉效果和制作技法。面料再造艺术的创作首先要对设计的选材有所了解，设计产品的视觉效果会随着面料和技法的不同而产生变化，制作技法的选择是创作产品的关键。本章围绕服装面料再造艺术的创作构成、服装面料再造艺术的创作源泉、服装面料再造艺术的创作方法展开论述。

第一节　服装面料再造艺术的创作构成

新的服装视觉效果与设计立意可以通过面料再造艺术来展现。为了成功实现面料再造，设计师需要充分掌握创作的基本元素和装饰技法，并运用多样化的设计技巧和制作工艺对面料进行设计，从而改变其原始属性，以满足服装设计的需求。

一、服装面料的基本材质

服装面料再造艺术是对已有基本面料进行的改造和再设计，服装面料一般可分为机织、针织、非织造、动物皮毛和网扣花边等材质。

（一）机织面料

机织面料指采用经纱和纬纱两个方向的纱线织造而成的织物，是纺织产品中产量最高、品种最丰富、历史最悠久、用途最广泛的一种（见图3-1）。机织面料的组织结构稳定，布面平整，坚实耐穿，外观挺括，由于抽纱、剪切、镂空等装饰技法不会对面料整体性质产生根本影响，因此被广泛用于各类服装中。

图 3-1　机织面料

（二）针织面料

针织面料是一种通过纱线弯曲成圈相互串套而成的面料，具有质地柔软、吸湿透气、弹性与延伸性优良及生产便利等特点，被广泛应用于服装的面料与里料以及家纺等产品中（见图 3-2）。针织面料由线圈连续嵌套形成，结构的不同使它的悬垂性和弹性优于大部分机织面料，在面料再造艺术设计中，该面料无法支持具有一定重量的附加材料，容易过度拉伸，不利于空间效果的塑造。针织面料本身可以创造出丰富的视觉效果，多孔隙的结构不仅可以与机织面料拼接，也可以与毛皮层叠配合。

图 3-2　针织面料

（三）非织造面料

非织造面料又称非织造布、不织布或无纺布，是一种由纤维通过物理或化学方法互相结合而形成的面料（见图 3-3）。与传统织造面料相比，非织造面料的生产过程简单、高效且成本较低，被广泛应用于服装领域。非织造面料通常具有良好的强度和耐磨性，能够承受较大的拉力和压力；具有良好的透气性和渗透性，可以实现空气和水的流通，有利于湿度和温度的调节；具有耐腐蚀性和耐老化性，能够在恶劣环境中长时间使用而不受影响。非织造面料不脱丝，易于成形，被广泛用于服装面料再造艺术中。

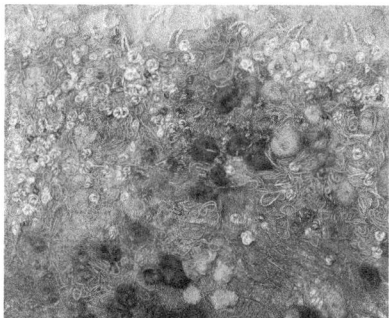

图 3-3　非织造面料（毛毡）

（四）动物皮毛

动物皮毛本身的质感就极富魅力。皮草保持着原始天然的质感，绒毛的颜色、长短以及单根毛发的结构造就了其多变的外观。皮革则经过了更加繁复的加工过程，如去除毛发、抹平毛孔、赋予色彩等，呈现出光润平和的质感，植鞣牛革甚至可以作为皮雕的材料。缝制技巧艰深和价格成本高昂都限制了动物皮毛的广泛应用，但效果丰富、颜色鲜艳、价格低廉的人造皮革弥补了这些不足，给予设计师更广阔的创意设计空间（见图 3-4）。

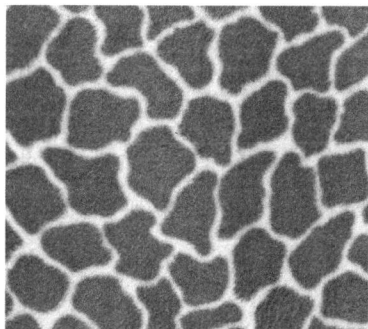

图 3-4　动物皮毛（人造）

（五）网扣花边面料

网扣花边面料是一种典型的经编针织面料，其因特殊性而被单独列为一类

（见图 3-5）。网扣是以网形面料为基础进行编结绣花成型的工业品，属抽纱的一种；花边面料是针织提花机器织出或手工编织的一种布料。网扣花边面料不但有手工和机械之分，而且有化纤、真丝、布等不同质地。

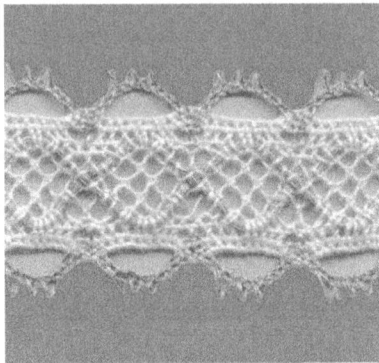

图 3-5　网扣花边面料

选材的性质在面料再造艺术中起到关键作用。例如，天然纤维的回弹较好，便于创造蓬松或轻盈的效果；棉麻耐高温，可以多次整烫，在肌理塑性和手工染织时具有优越性；丝织物光泽度高，在堆积、折叠时具有视觉冲击力；羊毛毡具有表面毛茸茸的温暖质感；人造纤维面料具有更大的拉伸性和更高的光泽度。

二、面料再造的创作要素

面料选择是服装面料再造艺术的第一要素，不同的面料呈现出各异的特征，其处理方式不仅与设计师的艺术构思、工艺技术紧密相连，还体现了社会潮流和时代特色。色彩、结构、肌理是面料再造艺术的三大要素，在色彩和谐的条件下，设计师通过调和点、线、面的相互关系，使面料呈现出与基质材料迥异的视觉效果。色彩和谐、层次有序、体积恰当、主题鲜明的面料再造艺术使最终的服装设计作品达到观感的平衡。

（一）色彩

面料色彩设计主要包括两个部分：一是面料本身的色彩表现以及处理过程中所出现的色彩变化；二是因面料组合关系产生的色彩变化，以及材料受环境因素影响而带来的色彩变化。在面料重构设计中，设计师经常采用多种质地或色彩的面料进行叠加或重叠，从而呈现出一种虚实交错的视觉效果。例如，当透明的纱或网纱与有纹样的面料相互交织，或是色彩鲜艳的网纱与单色面料相隔，便会呈现出一种色彩上的融合效果。

（二）结构

织物肌理设计的关键在于组织结构的设计。各种织物组织具有不同的肌理效果，如平纹织物的表面较平滑，光泽柔和；斜纹织物有斜向纹路；缎纹织物有斜向花纹，光滑细腻；变化织物具有光滑度，柔软细腻；重织物和双层组织的表面较硬质，富有纹理；起绒织物表面有绒毛，手感较丰富；绉织品表面具有不明显的细小颗粒。

在服装的面料再造设计中经常会出现打破服装原有的结构，从而产生新颖的视觉效果的处理手法，如剪切、抽丝、腐蚀、镂空、火烧、打磨等手段，可以使面料产生粗朴且时髦的效果。

（三）肌理

肌理设计是指通过各种材料、线条、组织结构和整理方式，以不同的手法使织物呈现出多样化的质感和纹理效果。肌理现象存在于面料中，表现出各种各样的形态，由于面料的不同以及织造方法的差异，服装面料的肌理效果也会呈现出不同的变化。在服装设计中，肌理效果的塑造在简约与独特之间找到了完美的平衡，这种设计手法既富有美感又富有创新性。在光影变幻的过程中，面料肌理往往会展现出难以捉摸的意境。在服装面料再造艺术中，设计师通常会运用异化设计理念，对面料固有的肌理效果进行调整，如陈旧式处理或变形褶皱处理可以使面料产生雕塑感等。

（四）视觉效果

视觉效果是设计师通过色彩变化、平面设计或立体综合创作技法使面料呈现出来的最终效果，设计师运用点、线、面的相互关系将原始二维形态的面料转化为三维形态，使面料展现出立体空间的视觉效果。在进行加工前，设计师有必要对面料的张力以及不同面料的组合关系进行全面的研究，以便选用合适的处理手段，实现设计所期望的视觉效果。厚重的织物或者色彩饱和度高的面料容易在体积上带来膨胀感，质量上带来沉重感；轻薄或者透明的面料通过堆叠的手法可以实现空间的纵深感和色彩的叠加；线形面料有视觉导向的作用，可以使静态的作品展现出动态美；点形面料的使用比较灵活，通过自身的变化可以分散设计的疏密，带来视觉重心的转移效果。

空间效果是服装面料再造艺术的重要视觉效果之一，设计师对面料进行褶皱处理，实施局部挤、压、拧等手法并进行定型，使其变成柳条状、菱形以及大理石花纹等形态，强化褶皱的立体效果；或者将面料进行折叠，然后将这些折叠的面料拼接成一体，通过堆砌、叠加和缝合等技巧，使得面料呈现出半立体的形态，产生浮雕感。

三、面料再造的基本技法

服装面料再造艺术的处理技法繁多，主要有折叠、剪切、打孔、镂空、嵌饰、绣花、垂饰、堆纱、扎结、填充、拼补、翻卷、抽纱、披挂、层叠、挤压、撕扯等。针对特定的面料和设计需求，采用何种方法进行处理将依据具体情况而定，通常情况下，这类加工都是通过手工或半机械化生产方式进行的。

第二节　服装面料再造艺术的创作源泉

创作源泉是指创作者在进行创作的过程中获取灵感和动力的来源。不同的创作者根据自己的体验和环境，会有不同的创作灵感来源，面料再造艺术的灵感可从表面现象和精神内涵两个方面来挖掘。表面现象给予人们直接的感官刺激，如色彩、肌理和结构带来的感受。精神内涵的灵感激发是隐形的，如传统文化带来的审美意识、社会动态造成的价值观震荡、科技水平引领的未来趋势等。面料再造艺术手法和风格的多样性也使得面料与流行趋势的传播以及现代工艺的进步之间产生了紧密的联系。服装面料再造艺术的创作源泉涵盖了大千世界中的自然万物以及丰富多彩的人类生活场景，来源十分广泛。

一、姐妹艺术

艺术与服装设计行业的壮大有着不解之缘，服装面料再造艺术的姐妹艺术包括绘画、建筑、摄影、音乐、舞蹈等，它们之间能够触类旁通，既在题材上相互融合，又在表现形式上互相影响，借鉴这些艺术形式设计的服装面料屡见不鲜。如在现代社会中，建筑与服装随着现代科技的发展实现了更好的融合，服装造型与建筑造型都是人们对视觉艺术的一种追求。图 3-6 展现了服装造型与建筑造型的对比融合。

图 3-6　服装造型与建筑造型的对比融合

二、民族文化

现代服装设计由于不同地区地理位置和经济发展水平的差别，以及不同历史时期的变化产生了区域性和民族性差异，形成了不同的形式和风格。许多服装设计大师都在不断挖掘各地区、各民族文化，找寻不同民族的独特纹饰，为服装面料再造艺术提供了创作的灵感，世界各国的服饰艺术都成为设计师的创意来源，体现了民族和世界的交融。三宅一生在日本民族服装的基础上，对现代服装流行内涵进行新的剖析，创造性地对面料进行再造，他尝试用鸡毛、纸、橡胶、藤条等为原料织造面料，采用自然生动的技法，如打褶、缠绕、压皱等。图 3-7 中的服装为三宅一生的褶皱设计。

图 3-7　三宅一生的褶皱设计服装

三、历史传统

传统的手工艺装饰展现了技术与艺术和谐统一，形成了不同的装饰形式和风格。现代服装面料再造艺术中借鉴和运用各种传统的手工装饰工艺，创造出新的服装风格。世界各国的历史文化和各民族的传统工艺让设计师获取到了更多灵感，如手工印染、刺绣、编织、蜡染、扎染、镂空、贴布绣等。图3-8 中的服装是设计师约翰·加利亚诺在参考非洲少数民族图腾图案的基础上设计的贴布绣服装。

图 3-8　贴布绣设计服装

四、社会动态

社会动态会带来新的艺术思潮，影响时尚潮流，其长时间的积累甚至会影响社会意识形态，影响人的审美评判标准。服装流行的历史也是人类社会发展的历史，服装与社会发展的诸因素之间是一种直接或间接的制约关系。例如，西方自20 世纪60 年代开始弥漫着一股反传统、反体制思潮，出现了破坏材料完整性的"破烂式"设计，它能够通过局部的不完整与整体完整的对比，为创作者提供一个发挥想象力的空间。在使用该手段时，设计师需注重自然、残破部分的数量不宜过多或分布不宜过于分散。图3-9 中的服装为撕裂设计。

图 3-9　撕裂设计服装

五、科技水平

科技发展水平的高低直接影响着服装面料再造艺术的发展。新材料、新工艺的开发及新的加工技术的不断运用为这一领域的发展提供了可能。荷兰时装设计师艾里斯·范·荷本推出的高级定制品牌服装，利用 3D 打印技术彻底颠覆了面料的定义，他采用激光和超声波技术对原始面料进行切割、蚀刻、雕刻，从而创造出具有层叠效果的新型面料，展现出独特的创新风格（见图 3-10）。设计师通过组织变革与后整理等手段，实现面料审美观的革新。例如，热蜡在名贵丝绸表面溅洒，产生破坏效果；将布料浸泡于酸性溶液中，局部发生腐蚀；采用火烧及喷涂油漆的方法，使棉衣呈现出独特美感。

图 3-10　3D 打印设计服装

六、自然生物

自然界的自然物态范围极大，万物多姿多彩，从宇宙的天地山水、城市乡村的自然景观，到构成物质的分子、离子形态，无不蕴含丰富的设计灵感。图3-11中的服装是以保护自然为主题的系列服装设计作品之一，色彩选用动物皮毛的颜色，面料再造艺术技法采用拼接设计，头饰运用狐狸皮毛和雄鸡羽毛进行装饰，将自然生物的灵感来源淋漓尽致地呈现在服装面料再造艺术上。

图 3-11 拼接设计服装

第三节 服装面料再造艺术的创作方法

面料的创新设计为服装产业注入了新的生机，科技进步极大地提升了服装面料的制作水平，使之成为一个全新的艺术领域。针对不同面料进行再设计的策略，为设计师带来更广阔的创作空间，丰富了服装设计的表现主题与艺术手法。

一、仿生

仿生设计不同于一般的设计方法，它以自然界各种事物的形态、色彩、音效、功能以及结构等为模仿对象。设计师依据设计目标在创作过程中运用自然事物的特征和原理，结合仿生学的研究成果，为设计开辟新的视角、创新思路和技艺。在服装设计领域，设计师通过对自然界物质的外部形态及其象征寓意进行研究，使用相应的艺术处理手法将研究成果融入设计之中，以实现美学价值最大化。

仿生学是研究生物科学与科学技术之间相互联系的一门现代的、新兴的学科。在服装设计领域，仿生设计的运用形式包括选取适宜的材料与创新造型手段，对自然界中的特定物态特征进行恰到好处地转换和艺术处理。这一过程旨在于服装造型与生物形态之间发掘一种内在的、科学的结合点。自然界中可以被模仿的生物形态大致可分为三大类：微观生物形态、植物形态和动物形态。图 3-12 中的服装为仿造动物皮毛的面料设计。

图 3-12　仿造动物皮毛的面料设计服装

二、借鉴

借鉴是通过不同的设计师视角，将历史、文化、艺术、民俗、绘画、战争、和平等因素扩展服装设计领域，从事件中获取素材，丰富设计理念，这成为面料再造的又一创作方法。

（一）从服装资料中得到启发和借鉴

服装面料再造可以从服装资料中获取灵感，包括中外服装史论资料、各国各民族的服装资料、流行的服饰资料和时装发布会等，设计师结合自己的创意，设计出崭新的造型和形式。

（二）从其他艺术门类中得到启发和借鉴

对于服装面料再造艺术来说，绘画、音乐、舞蹈、电影、戏剧、文学等这些艺术门类都有着丰富的艺术内涵和表现手法，以这些艺术门类作为设计的灵感源泉，可以丰富服装面料再造艺术的表现形式和主题内涵。图 3-13 中的服装面料设计就借鉴了寺庙图案。

图 3-13　借鉴寺庙图案的面料设计服装

三、移植

移植是将不同学科的原理、技术、形象和方法运用到服装设计领域，服装设计师对原有物品进行分析后得到的启迪能丰富服装面料再造艺术的创作手法，获得新颖的视觉效果。图 3-14 中的服装将折纸灯笼的技法移植到服装面料再造艺术中，使面料呈现出三维的立体感效果。

图 3-14　移植折纸技法的面料设计服装

四、联想

联想是人的思维形式之一，人们在对当前事物进行分析、综合和判断的过程中，往往会联想到其他事物，并且突破了原有的思维构想。由于客观事物之间总是存在相互联系，具有不同联系的事物反映到人脑中，就会产生不同形式的联想。联想是打开创意设计之门的钥匙，可分为类似联想、变异联想和转型联想。图3-15 中的服装为设计师联想教堂所进行的设计。

图 3-15　联想教堂的面料设计服装

五、推理

推理是由一个或几个已知的判断（前提），推导出一个未知结论的思维过程。其功能是通过已知的理论获得未知的理论，特别是可以获得全新的理论知识。设计师通过感觉经验掌握未知的知识，当设计出一种式样后，顺着这个思路一直想下去，寻找其所有的同族，然后进行比较、选择和淘汰。图3-16中的服装为推理的面料设计，设计师将埃及法老墓壁画呈现在面料上，使人们能够判断出古埃及服饰金色、蓝色、红色的主用色特征。

图3-16 推理的面料设计服装

第四章　服装面料再造艺术的设计及加工方法

服装面料的可塑性带给设计师很大的创作空间，面料的再造手法也层出不穷，主要表现在面料的触觉和视觉两大属性的变化上。触觉肌理是运用装饰技法使面料具有层次的变化，形成更加丰富的视觉效果，可以通过触觉直接感知；视觉肌理是运用艺术手法使面料具有图案或色彩的变化，保持面料原有的平整性。服装面料的组合设计创造出丰富的组织结构，增强了面料的层次感。服装面料再造艺术除手工创作外，也有很多产品可以通过工业化加工方法实现，极大地丰富了服装面料的种类，也为设计师提供了更多的创作素材。本章围绕服装面料的触觉肌理——造型设计、服装面料的视觉肌理——外观设计、服装面料的组合设计、服装面料的工业化加工方法展开论述。

第一节　服装面料的触觉肌理——造型设计

触觉肌理是指用手触摸就能够感受到的肌理，在服装面料再造艺术中，触觉肌理的表现形式接近于立体设计中的浮雕。任何附着于设计表面的物质都能形成触觉肌理。触觉肌理包括现成的触觉肌理（面料现成的触觉肌理）、改造的触觉肌理（对面料稍加改造而得到的肌理，如褶皱、镂空、编织等，使面料改变其原有的肌理表现）和特殊的感觉肌理（各种各样的细小肌理单元，通过综合性地使用有规律的方法组合而成）。

一、立体设计

立体设计实际上是根据服装造型的需要，在面料上进行的再造艺术，即根据服装造型的需要，对面料进行特殊的功能性处理，使面料产生立体的效果。

（一）褶皱

褶皱指的是将面料通过挤、压、拧等手法，最终成型后进行定型，形成的自然立体肌理形态。原本细腻贴合的面料经过精细加工后，呈现出起伏不平的形态，一改过去单调、乏味的面貌，从而塑造出更为生动、更具韵律和更加优雅的服装。面料褶纹的产生是外力作用所致，这些褶纹的形成受面料的受力方向、位置、大小等因素的影响。不同形态的褶纹既可以用于局部设计，也可以全面覆盖全身，呈现出独特的风格和韵味。

褶皱可以分为活褶和死褶。活褶一部分缝合，而其余部分是自然展布的，呈现出夸张、辐射和流动的视觉效果。在缝制过程中，预留的褶量需要通过人工定位方法暂时固定，然后再进行缝制。在对褶皱位置进行处理时，不需要进行压死处理。若需要制作死褶，可以通过机器压烫或利用机线缝合的方式，实现视觉美感和工整性。

1. 压褶

压褶最大的特点是压褶之后的面料有很好的弹性，穿着时能贴合人体，但又不影响运动，在起装饰作用的同时又具备了良好的功能性（见图4-1）。

图 4-1 压褶设计服装

压褶的制作过程是将面料按照造型的需要，在裁片前预先设置褶量，然后借助机器的外作用力，在裁片上压出褶量均匀的褶皱，再将面料熨烫成类似于折扇的肌理，呈现出严谨精致的视觉美感（见图4-2）。

38

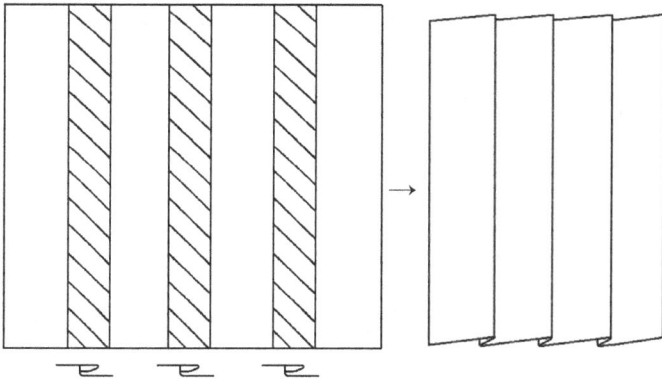

图 4-2　压褶的工艺图

2. 捏褶

捏褶是一种利用面料自身张力使点与点之间的面料自然呈现起伏效果的造型方式（见图 4-3）。

图 4-3　捏褶设计服装

捏褶的制作过程为在质地柔软的织物上，以一定的间隔，从正面或反面进行捏制，从而形成细褶，进而呈现出如立体浮雕图案一般的艺术表现（见图 4-4）。捏褶是女衬衫、连衣裙、套装中常见的一种装饰方式。通过点的位置变化与连接方法的差别，面料上可以产生规则或随意的褶皱现象，呈现出非同寻常的视觉效果。

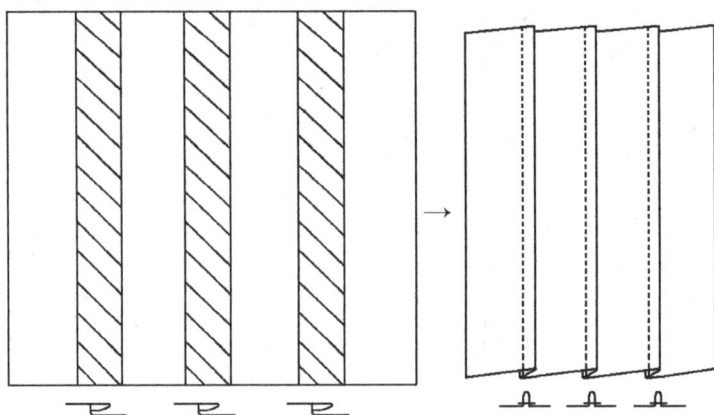

图 4-4　捏褶的工艺图

3. 抽褶

抽褶指的是用线、松紧带或绳子将柔软轻薄的面料抽缩成细密的、大面积的、有一定趋向的褶（见图 4-5 和图 4-6）。

图 4-5　松紧带抽褶设计服装

图 4-6　绳子抽褶设计服装

抽褶的制作需预先设定好褶皱程度，然后在缝制过程中通过抽丝操作达到收缩效果，并在熨烫时形成褶皱，该制作方式具备一定的灵活性（见图 4-7）。抽褶效应使得服装具有较大的放展空间，同时形成了不规则的凹凸花纹，从而使面料的视觉效果变得柔和。

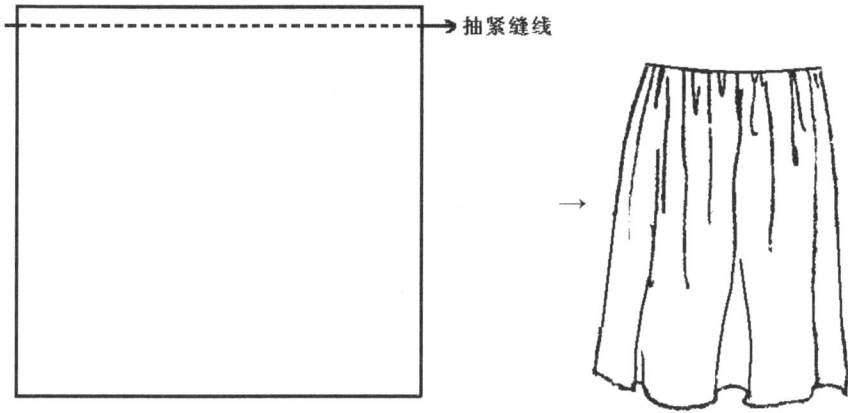

图 4-7　抽褶的工艺图

4. 缝褶

缝褶是通过缝线来固定褶裥的一种造型方法，通常装饰在服装的边缘，形成起伏的荷叶边，或者通过层层叠叠的堆积形成饱满的肌理（见图 4-8）。

图 4-8　缝褶设计服装

缝褶的制作过程是将面料做成褶皱形式，或者用现有的蕾丝花边缝合在服装的边缘或者分割线处，分为规律褶和自然褶两种（见图 4-9 和图 4-10）。花边可以设计成不同宽度、不同形状或不同层次，放在不同的位置，形成丰富的视觉效果。

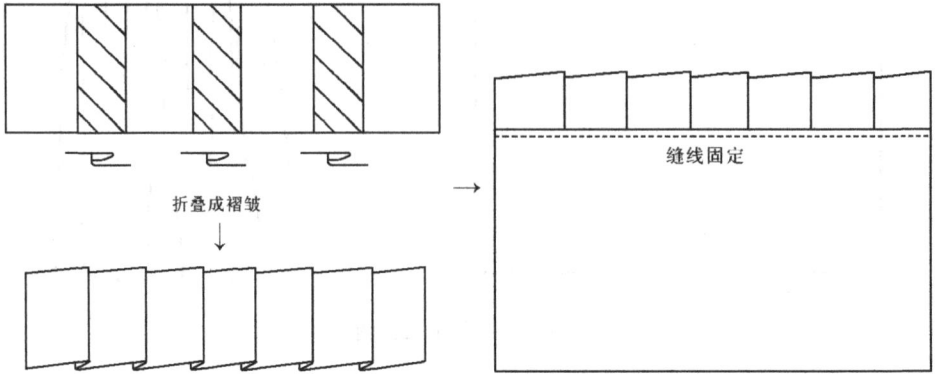

图 4-9　规律褶缝褶的工艺图

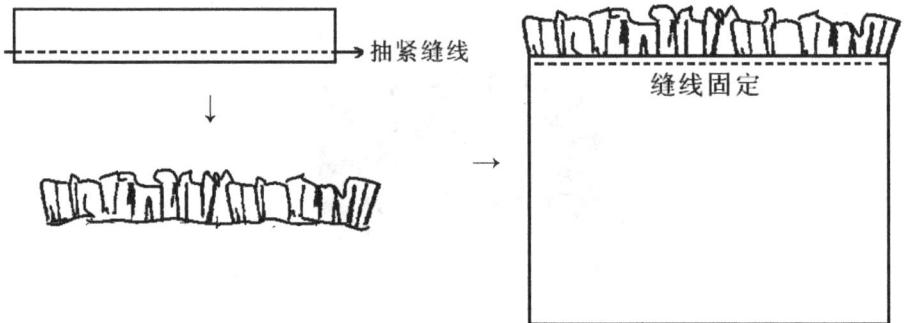

图 4-10　自然褶缝褶的工艺图

5.悬垂褶

悬垂褶是利用面料的悬垂性能在服装上加入余量形成的一种褶皱形式，使穿着者的躯干与四肢从外观上整合为一体，呈现出一种充满活力的肢体协调性。垂褶使服饰呈现出自然、动静结合、变化随整体统一的特点，具有千变万化的动态特征（见图 4-11）。

图 4-11　悬垂褶设计服装

悬垂褶制作先使面料形成环浪的褶皱形式，然后将环浪的边缘固定（见图 4-12）。

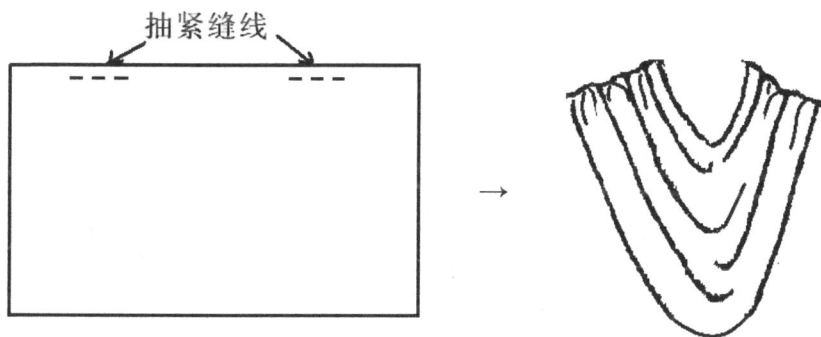

图 4-12　悬垂褶的工艺图

6. 花饰褶

花饰褶是通过面料的缠绕和打结形成的褶皱，一般可以制作成蝴蝶结或花朵等装饰物（见图 4-13）。

43

图 4-13　花饰褶设计服装

　　花饰褶的制作过程是将面料通过缠绕、打结、折叠等技法做成花的形态，装饰在服装的相应部位，常见花型有缠绕花、折叠花和花瓣花（见图 4-14 至图 4-16）。

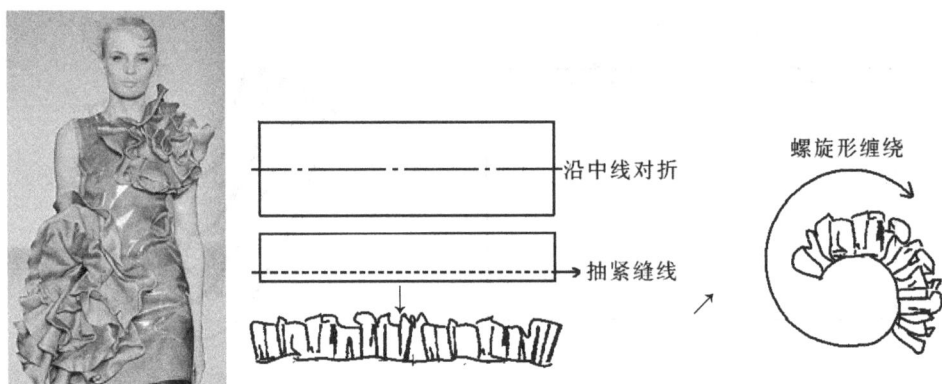

图 4-14　缠绕花的工艺图

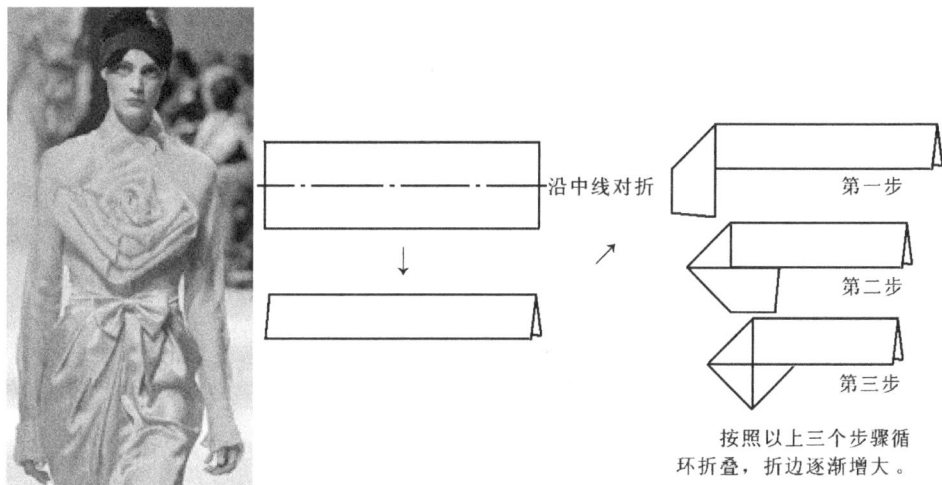

沿中线对折

第一步

第二步

第三步

按照以上三个步骤循环折叠，折边逐渐增大。

图 4-15 折叠花的工艺图

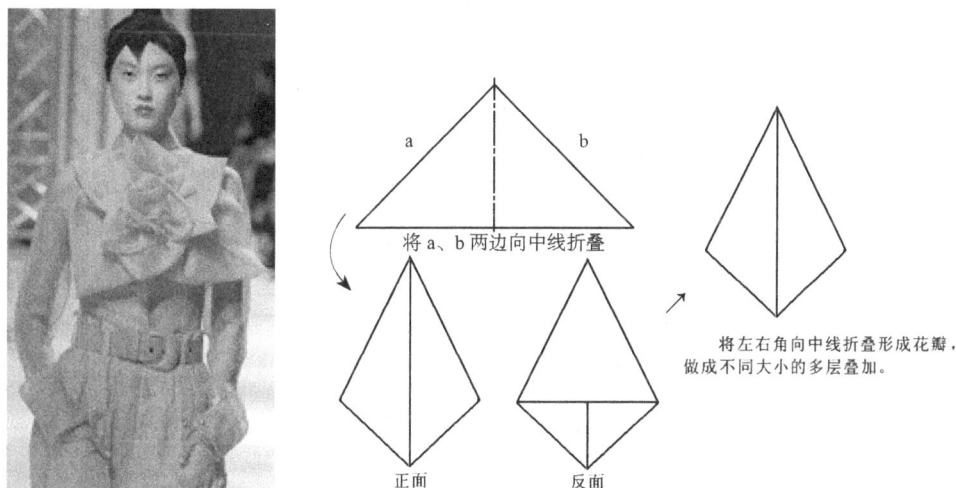

a b

将 a、b 两边向中线折叠

正面 反面

将左右角向中线折叠形成花瓣，做成不同大小的多层叠加。

图 4-16 花瓣花的工艺图

（二）板网

板网也称打揽，是对面料抽出的褶裥进行缩缝处理的工艺，装饰性强（见图4-17）。打揽分为明揽和暗揽两种，明揽是线迹附于表面上的，暗揽是线迹在褶裥背面的。

45

图 4-17　板网设计服装

　　板网的制作过程采用将面料的正面与缝纫线进行缝合的方式，以实现褶皱缝隙的连接（见图 4-18）。板网和褶皱的差异在于板网的线迹在面料的正下方，而褶皱则在背面。板网设计可以使服装贴合人体，并能增强服装的活动性。

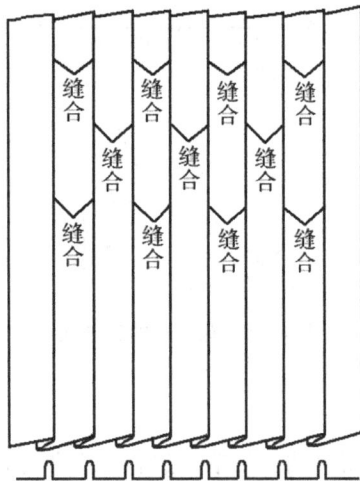

将行与行的褶裥错开缝合。

图 4-18　板网的工艺图

（三）立体布纹设计

立体布纹设计是一种通过在面料的反面以格子为单位进行抽缩，来塑造形态的工艺手法（见图4-19和图4-20）。面料的立体构图方式多种多样，设计师应用人字纹、井字纹和其他一些立体纹样设计制作，对面料进行抽缩、聚褶，使原本光滑的面料变得凹凸不平，从而增强了面料对光的漫反射，使面料反射出有规律的耀眼光泽，图4-21是三种常见的立体纹样。

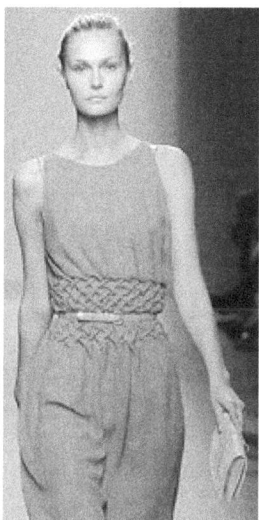 

图4-19　葆蝶家的立体布纹设计服装　　图4-20　华伦天奴的立体布纹设计服装

  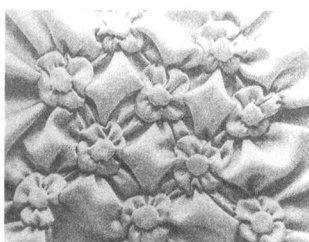

（a）　　　　　　　　（b）　　　　　　　　（c）

图4-21　立体纹样

（四）立体构成设计

立体构成设计是指将面料披覆在人体或人台上，通过抽缩、折叠、堆积、绣缀、编织、缠绕等技术手段，将整个面料仅通过大头针或缝线固定，从而塑造出丰富多样的服装艺术造型。

1. 抽缩法

抽缩法指的是将面料的一部分采用缝线缝合，对面料进行抽缩以使其产生褶皱效果，从而呈现必要的量感和美观的折光效应，是一种立体造型构成技法（见图 4-22）。

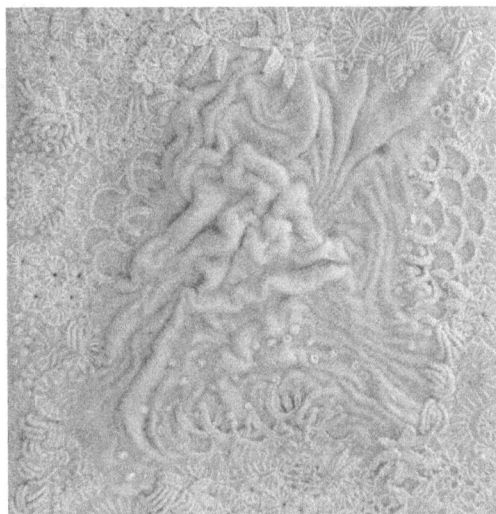

图 4-22　抽缩法设计服装

抽缩法使用时根据服装的需要，抽褶的位置一般在面料的中央或者两侧，缝合的轨迹类型包括直线状、折线状和弧线状，缝合的面料长度可以根据面料的厚度进行调整。

2. 折叠法

折叠法指的是将面料的一部分按照有规律或者无规律的方式进行折叠，用大头针或针线把折叠的部位固定，塑造蓬松的外观造型，产生一种立体感（见图 4-23 和图 4-24）。

图 4-23　艾莉·萨博的折叠法礼服　图 4-24　约翰·加利亚诺的折叠法礼服

　　折叠法可以使用直丝绺、横丝绺、斜丝绺的面料，根据造型需要，可设计运用在胸、背、腰、肩、头、腿及袖等部位，应用较为广泛。折叠法的实际尺寸（如长度或宽度）与设计尺寸（如折叠形状或蓬松造型）的比例关系通过以下公式进行计算：剪裁造型所需的布量＝实际造型尺寸＋折叠造型的面料需求。

　　3. 编织法

　　编织法指的是将面料通过折叠、扭曲等方式进行弯曲，形成绳状或者带状结构，然后将这一结构通过编织方式制成具有多样化视觉效果的服装造型。例如，交叉编织和平纹编织等装饰技法可以创造出具有雕塑感的立体造型，经常被具有前卫意识的设计师采用（见图 4-25 和图 4-26）。

图 4-25　交叉编织法设计服装　图 4-26　平纹编织法设计服装

条状编织造型技术要点：将面料折叠成所需宽度的扁平状布条，从而形成编织形状。布条裁剪宽度＝布条实际宽度 ×2＋2 厘米缝份。扁平状布条是通过缝纫机缝合制作的，其内部区域被密封，以防止毛边外露。

4. 扭转法

扭转法指的是在面料进行扭绕的过程中对面料进行翻转或者扭曲的一种技法（见图 4-27）。

图 4-27　扭转法设计服装

扭转法通过 180 度扭转呈现出面料正反两面不同的花纹图案，通过 360 度的扭转可以使面料呈现同一面，不会破坏面料的纹理。同时，设计师根据面料扭转方向的不同，可以将面料有机地结合到一起，使人看不到明显的分割线。

5. 缠绕法

缠绕法指的是将面料规则缠绕或随机缠绕在人体或人台上，运用面料的弹性形成立体感强烈的布纹，是一种立体构成技法（见图 4-28）。

图 4-28 缠绕法设计服装

　　缠绕制作前要作好前期准备工作，根据款式的需求，设计师需要确定准备用于缠绕的区域，在纺织品边缘处理时，需考虑边缘的折断和光线反射，从而塑造出流畅自然的布纹。缠绕法优先选用具有金属光泽或丝绸光泽的织物，这是因为这些面料具备良好的光泽度，经过缠绕处理后，会形成有规则或自由形态的光环，从而提升立体造型的艺术感染力。

　　6. 打结法

　　打结法是指在服装制作过程中综合运用扭转、缠绕的方法形成结的一种技法（见图 4-29）。

图 4-29 打结法设计服装

打结法是扭转和缠绕两种技法的综合应用，由于打结法面料用量的不确定性和结构的特殊性，因此其纸样都是在立体操作后制成的。打结法既对面料进行了扭转，又对面料进行了缠绕，融合了扭转法和缠绕法的双重特点，其造型效果也具有双重性。

7. 绣缀法

绣缀法指的是利用面料的伸缩性，通过手工缝缀，使其呈现出凹凸、旋转等立体感较强的纹理，以装饰在服装的各个部位。设计师通过巧妙的绑扎技术，利用人体或者人台来创造优雅且别致的造型（见图 4-30）。

图 4-30　绣缀法设计服装

在服装造型中，设计师选择特定的针法绣缀，利用规则或不规则针法进行缝缀，可以构建出具有半立体形态的造型。根据缝制款式需要，绣缀法的每个格子间隔可进行调整。绣缀法是一种在高级时装或者礼服中被广泛运用的立体构成技法。

8. 堆积法

堆积法利用剪裁性优良的面料实现不规则、自然和立体感强烈的褶皱，是一种立体构成技法。这种方法从多个不同的方向对面料进行挤压和堆积，从而形成不规则且富有层次感的褶皱，具有强烈的视觉效果（见图 4-31）。

图 4-31　堆积法设计服装

设计师采用堆积法时，需选择剪切性能优良、光泽感强的绸、丝绒、天鹅绒等织物。这些织物具有饱满的皱痕和较强的折光效应，因此在堆积过程中形成的造型具有极高的艺术感染力。堆积时要从三个或三个以上的方向挤压面料，使褶皱呈现三角形或任意多边形；同时褶皱之间不能形成平行关系，平行则显得呆板单调；褶皱的高度以 2.5～3.5 厘米为宜，过小视觉效果拥挤，过大视觉效果不明显而且显得臃肿。

二、加法设计

加法设计是一种在服装面料表面添加不同质地的材料，运用黏合、热压、车缝、补丁和挂补等工艺技法，实现织物外观的复杂变化，形成多层次设计效果的面料再造艺术创作方法。

（一）层叠

层叠是一种复合面料制作技术，设计师将不同质地或颜色的面料进行叠放，使微透面料呈现出丰富的色彩层次。这种叠放形式使服装产生一种层次丰富、相互渗透、对比鲜明的视觉效果。此外，设计师还可在夹层内添加闪光元素或丝线，使面料产生神秘的光泽质感（见图 4-32）。

图 4-32 华伦天奴的层叠设计服装

层叠制作方法是指将几种不同质感或不同颜色的面料进行叠加，对面料进行粗细搭配、轻重平衡、硬度与柔韧度调节、厚薄对比。设计师通过组合搭配的方式来提升服装造型的艺术美感，打造出独特的艺术魅力。

（二）拼接

拼接是一种将不同材质、颜色或图案的面料进行组合的设计方法。这一技法源自古代的拼接艺术，即利用一致或差异的面料突出正向或反向的肌理和效果。拼接技法能够创造出众多组合关系，展现不同面料的美学特征。"解构重构"作为一种现代设计手法，在服装设计领域占据重要地位。拼接艺术的缝制、配色、构图富有多样性，各类拼接技巧呈现出各自独特的风格特点。例如，美国的拼接风格较为粗犷，色彩呈现为大胆、鲜艳；日本的拼接侧重实用性，工艺精细且稳固；韩国的拼接图案更为复杂，装饰性更加突出。面料的拼缝所形成的图形或纹路表现出各国民间风俗独特的文化造型，在现代社会思潮和都市流行文化的推动下，服饰文化的传承也逐渐体现为更多的表现形式和更丰富的创意元素。

面料不同的着色性能可以产生不同的色彩效果，拼接就是将各种不同材质及色彩的面料进行融合。此外，设计师还可以将不同材质的面料先进行组合，然后再染色，以实现面料效果的改变。在皮革和皮草的制造过程中，这种技术具有重要的应用价值。拼接可以采取规则的方式来组合面料，也可以采取不规则的方式来组合面料。设计师通常通过组合同一色调、不同质感的面料，实现丰富、强烈的视觉对比，进而创造出多样化的风格。

1. 相同面料的搭配设计

相同面料的搭配设计指将质地、色彩和风格相同的服装面料相互融合，形成和谐统一的视觉效果的组合方法。相同面料的组合由于其各个方面都是一致的，容易实现统一的服装效果，但由于服装面料之间的共同点过强，也容易造成个性缺乏的弊端。因此，相同面料的组合一定要努力寻求形态上、纹理上、色彩上、表现形式上，以及构成状态上的变化和对比（见图4-33和图4-34）。

图 4-33　花纹异色同料拼接设计服装　　图 4-34　条格异色同料拼接设计服装

2. 多种面料的搭配设计

多种面料的搭配设计指的是将质地、厚薄、粗细、色彩、风格等方面的差异性元素融入同一套服装之中，从而呈现出多样统一的视觉效果。不同面料的组合需要努力寻求统一，要找到不同面料的共通点。为确保视觉效果的稳定性，设计师必须将各类面料进行巧妙组合，使某种特定面料占据主导地位。在此情况下，该面料应占据整个画面的大部分区域。或者，设计师可以在服装的各部位进行面料的重复性使用，确保不同面料之间的关联性或秩序性，从而实现服装整体协调和谐的效果（见图 4-35）。

图 4-35　多种面料拼接设计服装

3. 同色异料的搭配设计

同色异料的搭配设计指将色彩相同，但在质地、厚度、肌理和风格等方面存在差异的面料，搭配组合在一件服装上的设计方法，形成统一且富有变化的视觉效果。颜色一致是同色异料组合的先决条件，虽然同色面料的组合内部存在着较大的差异，但因为颜色一致，所以不同面料的特质都能得到很好的表现。面料的颜色一致使材质对比形成的差异得到削弱（见图 4-36）。

图 4-36　同色异料拼接设计服装

4. 异色异料的搭配设计

异色异料的搭配设计是把颜色各异，纹理、厚薄、肌理、造型等方面各不相同的物体搭配组合在一套服装上的设计方法。由于面料的材质和颜色等各方面都不一样，很难融合、协调，设计师要在差别中寻找联系，构建不同色彩和面料之间的和谐与关联。异色异料搭配有以下三种主要策略可供参考：一是提高主要面料的面积，二是将与主要面料各方面都相对吻合的面料作为主要搭配材料，三是将主要面料隔开重复使用（见图 4-37）。

图 4-37　异色异料拼接设计服装

5.反思维设计

反思维设计指使用与正常的思维模式相反的方式进行的设计。例如，为了凸显面料的原始感，设计师对服装进行处理使其接近半成品的状态；在服装的正面缝纫部分不进行缝纫操作，以确保面料的可观察性高于款式本身。图4-38是底摆的反思维设计。

图4-38　底摆的反思维设计服装

（三）线迹装饰

1.绗缝

绗缝具有保温和装饰的双重功能，通常对较厚的面料或在两片之间加入填充物后根据设计构思进行绗缝，使面料形成一定的凹凸起伏，产生浮雕图案效果。绗缝的图案不宜太细密，而应简洁大方（见图4-39）。

图4-39　绗缝设计服装

利用绗缝机缝制绗缝时，可以在面料的反面加一层海绵或腈纶棉，不仅能增强面料表面的立体效果，还可以使织物变得柔美。绗缝机可以在面料的表面实现折边的嵌合，从而形成起筋效果（见图4-40）。此外，面料和里料的嵌合可以利用面料的宽松余量来实现起伏面料效果。绗缝技法的种类有意大利式绗缝和英国式绗缝：意大利式绗缝以装饰功能为主，多用于高级时装、礼服、正装等；英国式绗缝在日常的秋冬服装中应用甚广，可以做大衣、风衣、棉服、羽绒服、套装、夹克、背心等，既具有防寒保暖的功能，又不失装饰之美，也可在服装局部使用。

图4-40　绗缝起筋设计服装

2. 仿手工线迹绗缝

仿手工线迹绗缝是指在成衣上利用具有手工效果的缝纫工艺制作绗缝，线迹像用手工缝纫的一样。仿手工线迹绗缝用机器仿造手工缝合线迹，针迹较大，线较粗（有的还采用毛线），线的颜色与面料不同，具有强烈的装饰效果。

3. 锁边绣

锁边绣指利用锁边线进行装饰的工艺技法（见图4-41）。锁边绣包括机器锁边和手工锁边，一般来说，手工锁边的针脚较大、较粗糙，装饰效果也更明显。

图 4-41 锁边绣设计服装

4. 装饰线迹接缝

装饰线迹接缝是一种通过刺绣线迹将布与布拼接在一起的工艺技巧，可以创造出具有蕾丝风格的装饰效果（见图 4-42）。

图 4-42 装饰线迹接缝设计服装

装饰线迹接缝主要用于服装中分割线的装饰，更加适合素色面料的拼接，还可用于编织物的图案连接，丰富了织物的肌理变化。接缝间隙的宽窄、疏密变化可形成镂空装饰，具有神秘的装饰效果。

（四）配饰装饰

配饰装饰是一种在成品面料的表面加入同类或不同类别的材料，改变织物原有外观特性的工艺方法。

1. 贴饰

贴饰是一种将特定面积的材料剪切成图案形状，然后将这些图案形状嵌入衣物表面的装饰技法（见图4-43），这些材料可以是各种形状、色彩、质地和纹样的。贴饰可应用在童装、毛衫、T恤衫、休闲衬衫、睡衣、牛仔裤上，该技法是一种比较传统的装饰手法，在成衣上的应用十分广泛。

图4-43　贴饰设计服装

贴饰的制作过程是将贴花材料（针织面料、梭织面料或者是皮革、毛线等各种材质、色彩和图案的材料）缝合到衣身相应的设计部位，形成丰富的肌理效果。贴饰分为两种类型：补花和贴花。补花通过缝缀来固定，而贴花则通过特殊的黏合剂进行粘贴固定。补花、贴花适合展示面积较小、造型较为统一的图案，同时尽量在色彩、质感、肌理和装饰纹样上与衣物产生鲜明对比，其边缘一般会进行切割或拉毛处理。此外，补花可以通过变换针脚，选取不同颜色、粗细的缝线，从而提升装饰效果。

2. 填充

填充应用于服装面料与里料之间，通过添加填充物或衬料，让服装表面呈现凹凸感，以凸显和强化服装造型的立体特点（见图 4-44）。

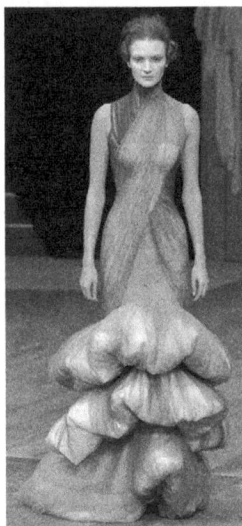

图 4-44　填充设计服装

填充可以将填料（如棉絮、丝绵、羽绒、毛皮、泡沫塑料等）缝合在纱线与里衬之间，用于想要突出部位的造型设计。

3. 压胶

压胶指的是在成衣上压出字母图案、花卉图案、动物图案，压胶图案经常应用在 T 恤衫、休闲衬衫、裤子、毛衫上，也会出现在睡衣的小面积装饰物上（见图 4-45）。因为压胶图案会影响成衣的穿着舒适性，所以应尽量避免大面积的使用。

图 4-45　压胶设计服装

4. 烫钻

烫钻是在服装面料设计中比较流行的一种装饰手法。烫钻制作指的是将水晶钻、饰片通过熨烫黏合在服装上，水晶钻、饰片的颜色各异，可相互搭配形成图案装饰，或可在成衣中做点缀，增添美感（见图 4-46）。

图 4-46　烫钻设计服装

5. 徽章与标志牌

徽章与标志牌指的是起装饰作用的徽章、徽标与商标。徽章的运用应与成衣的整体风格匹配，常装饰在前胸、袖子等部位，可用粘或缝两种方式附着在成衣上（见图 4-47）；徽标是缝在服饰上的小型金属部件，用以表明特定的品牌或象征性意义，如职业制服上的徽标；商标是品牌的标识，用于宣传品牌，也可用作成衣的一种装饰，起到装饰性和功能性的作用，虽然可以印在服装的主要部位，但多数都是贴缝在不明显的部位。

图 4-47　徽章设计服装

6. 羽毛

羽毛装饰指的是将一些漂亮的鸟羽作为原料（如孔雀尾羽和经过染色的鸵鸟

羽毛等）装饰在服装面料上，形成装饰图案的技法，可以使面料呈现出雍容华贵的感觉。羽毛是不可替代的装饰佳品，十分适合礼服、高级成衣、表演服等服装的制作（见图 4-48）。

图 4-48　羽毛设计服装

7. 铆钉

铆钉主要用在牛仔服装上，起到装饰和加固作用（见图 4-49）。铆钉要用特殊机械安装，机械可以使铆钉的钉身部分穿过面料。在双面服装结构中，根据外观的要求，铆钉的两面均可作为正面使用。

图 4-49　铆钉设计服装

8. 绳类

绳类形态柔软、随意，与面料搭配十分协调，通常用在服装的领口、下摆和帽子的边缘等处，起到收拢、束紧作用。绳类装饰既可与服装整体风格搭配作为服装中的吊带，又可作为腰带或与气眼搭配使用有收束的作用（见图4-50），还可利用绳做绳饰绣，产生浮雕的立体效果（见图4-51）。

图4-50　束紧绳类设计服装　　　　图4-51　绳饰绣设计服装

9. 拉链

拉链是在服装中起固定作用的零部件。拉链既操作方便，又降低了服装生产的技术要求，因此使用广泛。拉链的装饰作用体现在拉链的位置变化、色彩的对比、大小体积的变化等方面。

在现代服装中，拉链在色彩、造型上有了很大的突破，装饰功能也越来越强大。因其具有闭合作用，常缝合在服装的门襟、袋口、袖口、背部、侧缝等处（见图4-52）；又因其具有装饰功能，只要视觉美观，它可以缝合在服装的任一部位（见图4-53）。拉链的色彩可以与成衣面料颜色相异，形成对比色；拉链的体积感也可以与成衣形成很大的对比，从而增强装饰效果。

图 4-52　闭合功能拉链设计服装

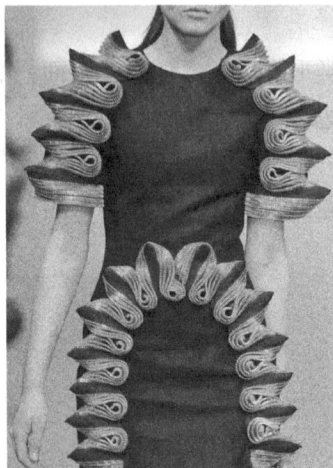

图 4-53　装饰功能拉链设计服装

10. 羊毛毡

　　羊毛毡是一种由羊毛纤维制成的非编织织品，具有悠久的历史和深厚的文化底蕴。羊毛纤维表面覆盖着许多肉眼看不到的鳞片组织，这些鳞片在遇到热水时会张开、竖起，经过外力的挤压、摩擦、揉搓后相互纠结，紧密地收缩在一起，形成毡化的状态（见图 4-54）。这种特性使得羊毛毡具有良好的弹性和可塑性，为面料再造提供了广阔的空间。

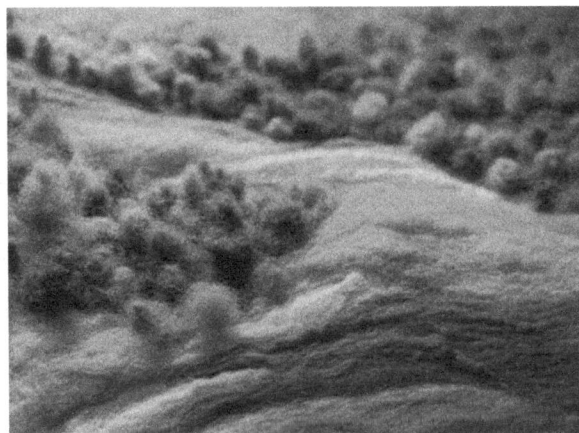

图 4-54　羊毛毡微观图

三、减法设计

减法设计是一种破坏成品或半成品表面的设计策略，其手段包括剪切、撕扯、做旧、镂空、抽纱、毛边、腐蚀、压花、刻花、烧等。通过这些方法，服装面料的表面效果变得轻盈，手感更柔和，并具有独特韵味。该设计手法可采用化学手段或物理手段实现，以减轻服装重量，使其更富有特色，保持设计风格的创新性与独特性。

（一）剪切

剪切手法指的是通过裁剪服装面料创造出简约而独特的造型风格。通过局部缺失与整体完整性的对比，剪切可以为人们提供想象的空间（见图4-55）。

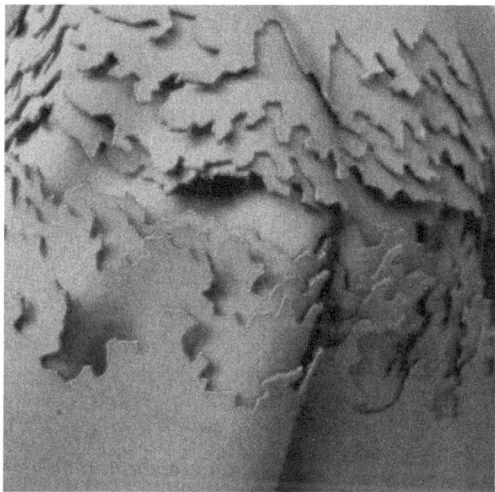

图4-55　剪切设计服装

在剪切法的运用过程中，设计师直接裁切具有弹性、悬垂性、韧性等特征的面料，从而实现服装面料的分离，产生独具个性的造型效果。

（二）撕扯

撕扯是指在完整面料，如纸张、布料、塑料、皮毛等软质材料上进行人为的破坏。设计师通过撕扯这种强力破坏方法，使面料形成各种人工形态的裂痕，打造粗犷或野性的美学效果（见图4-56）。

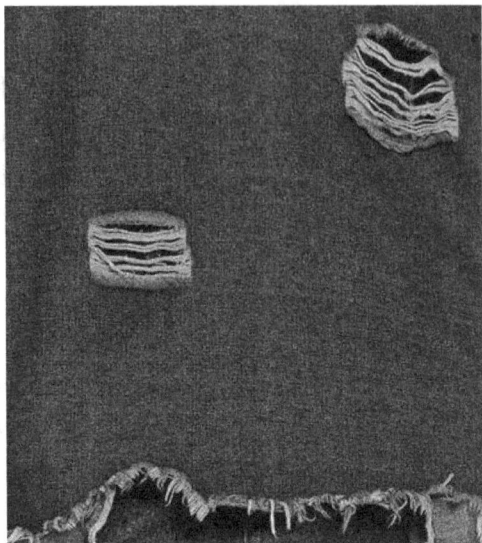

图 4-56　撕扯设计服装

在撕扯过程中，人为的破坏在面料上留下各种人工形态的裂痕，从而形成一种残缺的视觉形象，这种痕迹可供设计师部分保留和使用。撕扯设计能够强化服装的飘逸、舒展和通透效果，但这种方法在进行操作时，必须注重痕迹的自然性，控制撕扯部位的数量和分散程度。

（三）做旧

做旧是指通过水洗、砂洗、砂纸磨毛和染色等方法，对面料或成品服装进行改色、磨损等处理，从而使新面料具有旧面料的视觉效果，以符合创意主题和设计需求。对于具有较厚布料的衣物，如斜纹布、牛仔布等，设计师通常会采用这种方式进行设计。做旧设计可以制作出具有粗犷和怀旧气息的面料，为服装作品带来一种独特的美感，可整体做旧也可局部做旧，常见的做旧部位包括膝部、口袋、裤缝和裤脚等。做旧设计的改造可分为机刷（机械做旧）和手擦（人工做旧）两种。

1. 机刷

机刷是一种使用刷子摩擦面料的做旧方法，它在整条裤面进行大范围摩擦（见图 4-57）。

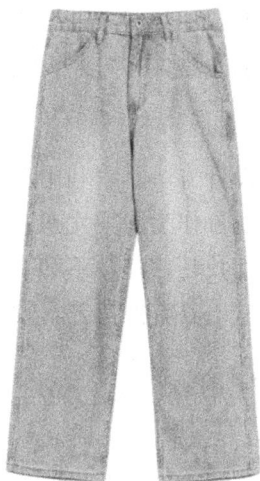

图 4-57　机刷设计服装

机刷制作工艺的第一步是通过设备使裤子膨胀并保持固定，随后用刷子或磨轮直接在面料表面实施打磨处理，以实现局部磨损效果。最后借助手工修整裤缝边缘、袋口边、裤脚的折边处等细小部位，以实现服装整体效果的统一。

2. 手擦

手擦可分为手刷擦法、砂纸擦法和刀子刮法。在实施"猫须"处理的过程中，制作者通常会先使用扫粉法在面料上描绘出白痕，随后再通过刀片对"猫须"进行刮除（见图 4-58）。

图 4-58　手擦"猫须"设计服装

牛仔裤的手擦制作工艺通常包括将牛仔裤弄皱，如在退浆过程中，在面料未完全褪去纤维的时候通过砂纸或刀片对褶皱进行磨除，或用剪刀将折边的花纹切去，以实现更加自然和富有创意的花纹。

（四）镂空

镂空是一种具有破坏性的设计方法，它利用工具在面料或制作好的服装上挖除部分面料，然后再将镂空的部分作为图案元素，进行填充或不填充的破坏式设计。这种设计方式可以采用剪切技巧，在皮革和一些机织面料上利用剪纸艺术手法对镂空区域进行处理，以创造出具有独特艺术效果的镂空图案（见图4-59）。

图4-59 镂空设计服装

镂空是一种具有破坏性的行为，通过破坏的方式让面料或制作完成的服装呈现出通透性，从而提升服装的层次感。镂空设计可以分为全透、半透和不透三种。全透是指自然地展现镂空部位，半透是指将透明的纱料贴在镂空面料反面，而不透是指将不透明或另一种颜色的面料贴在镂空面料反面。

镂空设计需要选取质地紧密、不损害纱线的材料，如棉布、的卡、牛仔布、皮革和人造革等。镂空常用激光裁剪方法，图案边缘在镂空过程中可以热融，从而避免了镂空边缘的分离，另外，还可以采取烧洞、镂空边缘拉毛、化学物质蚀刻等手段。纬纱交织或线圈编织出的服装面料通常通过锁边或气眼的方式对镂空边缘进行处理，这样可以防止镂空后的图案边缘发生跑线。针织服装在编织过程中，可以改变针法和针数来实现镂空效果；而皮革和裘皮材料的质地较为挺括，可以直接镂空雕刻。

（五）抽纱

抽纱是一种根据图案设计，在服装上针对特定范围内的经纱或纬纱进行割除，随后对剩余纱线实施经编、绕编、编结等锁缝固定，以维持面料的完整性，进而塑造出透视图案的技法（见图 4-60）。

图 4-60　抽纱设计面料

精选面料是抽纱工艺的前提，质地粗糙的平纹面料具有较好的抽取特性，如平纹布、棉布、亚麻布、牛津布和刺绣底布等。既可以遵循一定的序列规律进行抽取，也可以无规律地进行抽取。制作者要根据布纹的粗细和松密程度，对纱线进行抽纱操作与选择合适的锁缝方式。抽纱方法大致可以分为两种：一是对经纱和纬纱进行普通抽纱，二是对经纱和纬纱进行格子抽纱。

（六）毛边

毛边是一种裁剪技巧，它对面料边缘进行剪切处理，以实现对外轮廓的重塑。这种处理方式使得面料的外形结构发生了变化，呈现出了虚实结合、精致优美的效果（见图 4-61）。

图 4-61　毛边设计服装

传统的服装边缘处理方式都是将毛边部分折叠后不暴露在外。现今流行的一种边缘装饰手段是不处理毛边，使其直接暴露在服装表面，也可以使毛边自然随意卷曲或去除毛边的纬纱，然后再进行修整和整理。

（七）腐蚀

腐蚀现象源自纺织品的自然特性，不同的面料经过化学反应，呈现出独特外观，如烧制而成的花卉图案、颜色变化和花斑等（见图 4-62）。

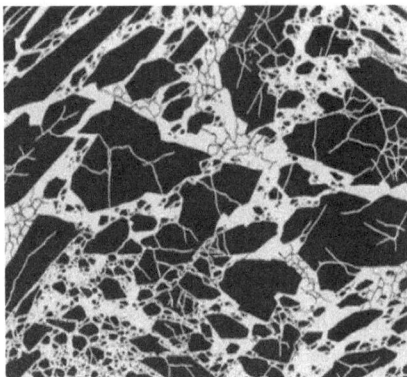

图 4-62　腐蚀设计面料

（八）压花

压花是通过压花机压制服装表面使成衣某些部分形成一种很有凹凸动感的立体装饰图案的一种服装面料处理工艺，一般应用于皮革服装的制作（见图 4-63）。

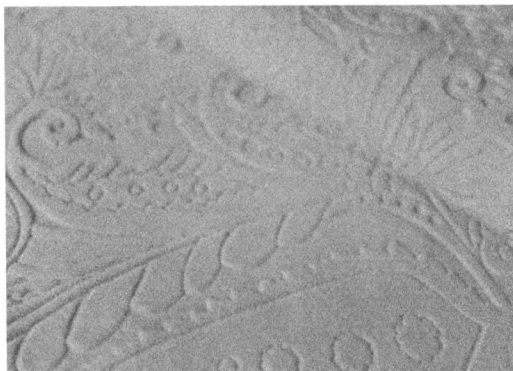

图 4-63　压花设计面料

（九）刻花

刻花也是一种针对皮革服装的面料处理工艺，通过激光切割技术在皮革服装表面制造出图案，宛如雕刻艺术品的过程，制作出的图案纹路明晰精确（见图 4-64）。

图 4-64　刻花设计服装

（十）烧

烧是一种将加热工具插入服装面料中，制成各种形状的孔洞的工艺方法，孔洞的周围呈现出棕色的燃烧痕迹。在处理面料时，烧可以创造出兼具鲜明个人情感内涵和独特美感的造型，从而使这些面料制成的服装具有更鲜明的个性（见图 4-65）。

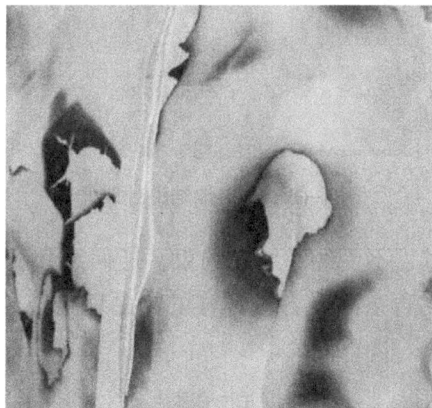

图 4-65　烧设计服装

四、面料的编织、刺绣设计

服饰面料的编织、刺绣设计是指采用各类纤维制成的线、绳、带、花边，通过编结、编织、钩织等多样手法，实现疏密、宽度、连续或凹凸等组合变化，直接呈现出一种肌理变化美感的工艺方法。

（一）编织

编织手法指的是利用各种柔软的线型材料，通过手工编织与机械编织的不同针法，形成疏密变化、凹凸有致的立体质感与独特肌理，进而呈现服装面料纹理的规律变化或无规律变化的效果。编织分为手工编织和机械编织两大类，手工编织方法又大致划分为手工编结、手工编织、棒针工艺和钩针工艺。

1. 手工编织

（1）手工编结

手工编结指的是使用绳、线等材料，人工编结成既平面又立体的编结物，编结的边时常会用流苏来表现。使用编结面料制作的服装既具备视觉上的美感，又有触觉上的独特质感（见图 4-66）。

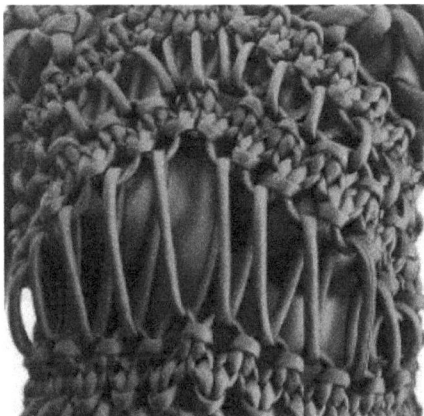

图 4-66　手工编结设计服装

编结织物的生产过程不受经纬线的约束，任何线和线之间都可以自由组合，灵活多样、妙趣横生，再搭配上各种各样的饰品就可以营造出风情万种的服饰意境。

（2）手工编织

手工编织以若干根线绳分组再相互交错编织，上浮下沉、交织连接而形成编织物。手工编织面料强调图形的规律变化和松紧协调，主要用于壁挂装饰用品和家纺用品，也可用于服装设计作品来展现设计师的巧思，是美观大方而又别具品位的编织物（见图4-67）。

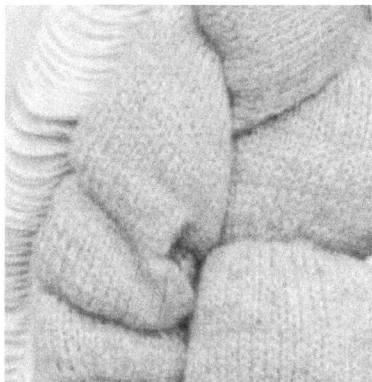

图4-67 手工编织设计服装

（3）棒针工艺

棒针工艺指的是将一根线绕在两根棒针之间，形成圈套结，通过来回重复操作，制作出具有凹凸不平肌理的面料，呈现出鲜明立体感（见图4-68）。

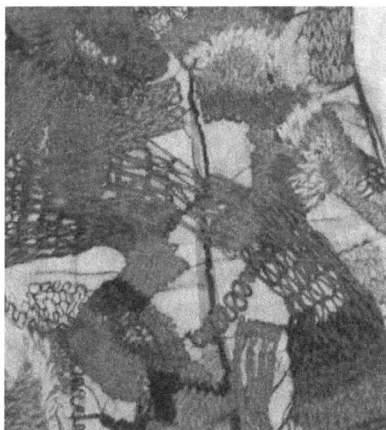

图4-68 棒针工艺设计服装

（4）钩针工艺

钩针工艺织物的特征包括精巧细致、立体感和舒适浪漫，这样的装饰性织物具备强烈的艺术吸引力（见图4-69）。

75

图 4-69　钩针工艺设计服装

钩针工艺作为一种织物制作技术，其原理在于使用钩针工具，通过一根纱线来回套钩，从而生成各种肌理纹样和装饰图形，这些纹样和图形的形成过程与传统织物的制作方法相似。

2.机械编织

机械编织物的图案特点及风格取决于织物纤维的材质、色彩和织物结构。就材质而言，麻纤维质地硬朗，易表现粗犷风格；丝纤维细腻，易表现柔美风格；棉纤维简洁，易表现质朴风格（见图 4-70）。

图 4-70　机械编织设计服装

　　总之，无论是采用何种工艺制成的编织品，其表面效果的丰富性都来源于特殊设计的纹理。编织可以营造出织物起伏、疏密、凹凸的层次感，以及呈现编织纹理与梭织肌理之间的细腻对比。通过编织技巧的创新，设计师能够将织成的面料用于服装的个性化定制，以满足不同消费者的需求，从而创造出富有个性特色的服装设计作品。当今社会，编织品受到了人们越来越多的关注，其精湛的工艺技术、独特的自然属性、丰富的民间元素和卓越的艺术品质，已逐渐超越了传统面料再造方式，成为现代人推崇的一种服装设计手法。

（二）刺绣

　　刺绣作为一种传统的图案表现手法，指的是按照设计要求使用针线在纺织品上进行穿刺，形成立体装饰图案。该设计技法运用一根或一根以上的缝线，通过自连、互连、交织等技法，在面料上形成花纹、图像或文字等装饰元素。刺绣包括以绒线为原料的彩绣、雕绣、贴布绣、十字绣、褶绣等，还有使用特殊材料的饰带绣、珠绣、饰片绣等，接下来主要介绍八种刺绣工艺。

　　1. 彩绣

　　彩绣是一种以多种彩色绣线为原料的刺绣技巧，旨在控制花纹图案的形状。这种技艺具备平滑的绣面、丰富的针法、精细的线迹和鲜明的色彩等特点，广泛应用于服装饰品中。彩绣的色彩变化丰富多样，多种彩色绣线的重叠、并置、交错可以实现华而不俗的色彩效果（见图 4-71）。

图 4-71　彩绣设计服装

彩绣的工艺特点主要体现在针法上，这也是其制作难点。针法就是指绣线按照特定规则进行针刺操作，不同的针法可以在绣品上呈现出不同的纹饰结构和纹样附着方式。彩绣的针法主要有线性针法、锁链状针法、锁边缝线迹针法、花结针法、缎绣线迹针法、羽状线迹针法、人字形线迹针法等。

2. 雕绣

雕绣也称镂空绣，是一种具有较高难度和独特视觉效果的绣法。雕绣制品的特点在于，在绣制过程中，设计师要根据图案需求进行孔洞修剪，随后在剪出的孔洞内运用多种方法制作图案，并使绣品表面呈现洒脱大方的实底花纹，以及玲珑剔透的镂空花纹，具有虚实相衬的美感，极富情趣（见图4-72）。该技法使绣品呈现出优雅、精致的视觉效果。

图 4-72　雕绣设计服装

雕绣的要领是花形清晰、空间匀称，接梗线与扣锁边缘要垂直。线头和线端要藏于锁针内，扣锁要紧密、均匀，一般雕绣用线采取与面料同色，或者较面料深或浅一二度的同色系线。雕绣用料是粗质面料应用粗针粗线，细密面料应用细针细线，面料与用线粗细的相互适应协调是很重要的。此外，雕绣用料的色彩要单纯，通常使用素色或单色材料，如棉、丝、毛、麻、化纤混纺等纹理清晰的平纹织物。雕绣用料的硬挺度越小雕绣也就越容易，由于雕绣的颜色变化小，这就使得图案和刺绣技法上升到很重要的位置。

3. 贴布绣

贴布绣又称补花绣，是一种利用其他面料剪切并缝制在服饰上的刺绣艺术形式（见图4-73）。

图 4-73　贴布绣设计服装

　　贴布绣绣法是将贴花布依照图案要求剪裁，贴在绣品上，也可以在贴花布与绣品之间填充棉花等填充物，以增强图案的立体感。在贴好图案后，还需要使用各种针法进行锁边。贴布绣绣法较为简便，图案主要为块面形态，呈现出大方的风格，在日常服饰中广泛运用。贴布绣中的底子布可薄可厚，如各种织纹的棉、麻、绸缎、呢绒等，此外还可以使用皮革。贴布相当于刺绣中的绣花线，是贴布绣作品的关键，因此，贴布绣贴布的好坏关系到贴布绣作品的成败，设计师必须精心选择既能表达作品内涵又符合服装功能的贴布。从技法方面看，裁剪直接贴布的，应选用边缘不易脱散的棉、麻、毡、革等材料；折边缝绣时，除使用织纹细密的棉布外，还可使用比较粗糙的粗麻布、薄布等。

　　4.十字绣

　　十字绣也称十字桃花，是一种在民间广泛流传的传统刺绣技术。十字绣这种装饰方式具有鲜明的民间特征，其绣品以朴素大方著称，且具备美观与耐用的特点（见图 4-74）。

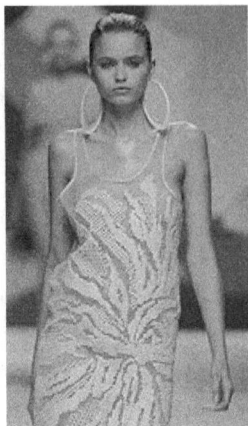

图 4-74 十字绣设计服装

十字绣针法十分简单，即按照面料的经纬定向，将同等大小的斜十字形线迹排列成设计要求的图案，绣花线不能打结是十字绣的刺绣要点。鉴于其独特的针法，十字绣的图案造型简单、结构严谨，常呈现为对称式布局，同时具有写实风格。此外，十字绣作品的内容主要为自然花卉、几何形状等。

5. 饰带绣

饰带绣是一种将带有图案的织物嵌入服装中以实现艺术效果的制作工艺。饰带绣使用细而柔软的饰物作为刺绣材料，同时也可以通过折叠或抽缩饰带形成特定造型嵌入衣物表面从而起到装饰作用（见图 4-75）。

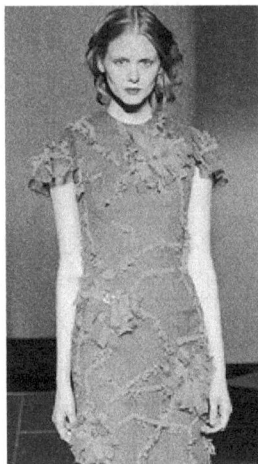

图 4-75 饰带绣设计服装

饰带绣采用细长且柔软的织物作为绣品材料，将绣品材料折叠或收缩以形成特定形状和结构嵌入服饰表面。饰带的刺绣针法与彩绣的针法基本相同，只是用的材料不同。因为饰带有一定的宽度，所以织物常要用锥子穿孔后才能缝入饰带，为了不使饰带拧纹，可以从饰带宽的中央处进针，使针穿过饰带与织物。

6. 珠绣

珠绣是一种将多种空心珠或闪光片用线缝缀在面料上的刺绣工艺。珠绣包括手工珠绣和机械珠绣两种主要形式。手工珠绣色彩多样、风格多变、纹样新奇。随着科技的发展，许多过去完全靠手工的珠绣工艺，逐渐被珠绣机取代，提高了珠绣的成品率和生产效率，丰富了花色品种。珠绣装饰高雅，光彩华丽，特别适用于社交聚会、节日庆典、晚宴舞会等场合使用的服装、饰品。一般的棉、丝、绸、缎、呢绒、混纺织品、编织品、皮革均可做珠绣的底子，若要突出珠粒，应选择纹理不明显的面料。珠绣通过运用珠子和亮片的闪光效果，提高了面料上绣缀品的视觉吸引力（见图 4-76）。

图 4-76　珠绣设计服装

7. 镜饰绣

镜饰绣是一种将小的镜片缝绣于服装上的装饰技法，设计师可以根据构思缝制出具有科技感、现代感的图案（见图 4-77）。

（a）　　　　　　　　　　　（b）

图 4-77　镜饰绣设计服装

8. 饰片绣

饰片绣的材料主要有合成树脂、金属、贝壳等，其造型有平板状、环状、花状、叶状、几何状等多种样式，设计师将众多的饰片缝在一起可增添面料的光泽，有助于提升装饰效果（见图 4-78）。饰片绣多用在正装礼服、腰带、包、首饰上，从古至今都是服饰界不可或缺的一种装饰手段。

图 4-78　饰片绣设计服装

镜饰绣和饰片绣都是根据设计师的意图将镜片或者饰片大面积缝制在服装上的，可以轻松将设计好的图案或者纹样用镜片或者饰片表现出来。

第二节 服装面料的视觉肌理——外观设计

针对面料肌理纹样的设计，设计师可以将具象、抽象、几何等不同风格的图案与图形进行融合，通过染料、绘画和印染等技艺展现具有丰富质感的服装面料。此外，对面料进行表面图案的平面设计，可实现独特且丰富的造型效果。视觉肌理的表现形式大致可分为写实与抽象两大类别，这两类表现手法依托于面料的色与形实现理想的视觉效果，其中，色指染色，形指绘画。

一、染色

对成衣或者衣片进行染色，可使之呈现独特、丰富的色彩效果，如渐变、对比等。手工染色的服装具有较浓的质朴韵味。染色是人类较早掌握的服装面料加工工艺，旧石器时代，中国的山顶洞人和法国的克罗马农人就已经开始使用矿物原料为织物着色了。

（一）挂染

挂染可以使染后的成衣图案或色彩呈现由浅到深的自然过渡效果，挂染后的成衣层次感丰富并富有动感（见图4-79）。

图4-79 挂染设计服装

在面料染色过程中，采用不同的设备（如星形架、方形架）挂染，可以实现不同的染色效果。挂染一般采用分步法，可以实现服装以纬向纹理逐渐形成过渡均匀且渐进的色彩，在这一过程中，染料的移染性对染色效果产生了显著影响。为了实现渐进染色织物深、中、浅色泽层次的自然过渡，必须在染色过程中把握好织物上下升降的幅度和速度。不同纤维的面料应选择不同的染料并进行蒸化、水洗等后处理，使成衣达到固色、手感柔软等要求。挂染的表现手法特殊，应用于丝绸、纯棉织物上效果最佳，常用于 T 恤、外套和裤子的造型设计中。

（二）扎染

扎染是一项具有悠久历史的防染技艺，其制作流程为将织物进行折叠捆扎或缝线捆绑，最后浸入特定的染料溶液中进行染色（见图 4-80）。这种染色方法所使用的原料为板蓝根或其他天然植物，对人体健康的损害程度较低。

图 4-80 扎染设计面料

扎染被广泛应用于面料染色和图案制作中，近年来，扎染工艺越来越受到服装设计师的青睐。扎染在服装上的运用会给人以强烈的复古感和民族感，体现出一种柔和的东方美。

在染织过程中，各种捆扎技巧与多种染色技术的融合运用，使得扎染面料的图案纹样呈现出多变的特点，从而展现出极高的艺术魅力。扎染工艺可以分为扎结和染色两个部分。扎结是指运用纱、线、绳等材料，对织物实施扎、缝、缚、缀、夹等一种或多种捆扎手段。对织物进行扎结后再染色，其目的在于通过织物扎结部位的防水作用，使得扎结部分保持织物原有的颜色，同时让未扎结部分均匀受染，最终的扎染品会产生一种深浅不一、层次分明的色晕与皱痕。织物扎得越紧、越牢，防染效果就越佳。它可以绘制出带有规则线条的普通扎染织物，同时也可以通过具有细腻图案的复杂构图，创作出各种色彩绚丽的精致织品。

（三）蜡染

蜡染这一古老的民间传统纺织印染工艺，历史悠久，古称蜡缬。蜡染图案充满生机，色调清新雅致，风格独具一格，该技法多用于制作特色服饰和日常生活用品等，呈现出质朴大方的特质，并且彰显出浓郁的民族韵味（见图4-81）。

图 4-81　蜡染设计服装

在蜡染过程中，制作蜡花的工具并非毛笔，而是自制的蜡刀。因为使用毛笔制作蜡花时蜡容易冷却凝固，而蜡刀作为蜡花制作工具更易于保温。此类蜡刀的构造为两片或多片形状相似的薄铜片相互嵌合，一头固定在木柄上，刀口呈微张开的状态，中间留有缝隙以利于蜂蜡的涂抹。根据绘画中线条的需求，有各种规格的蜡刀可供选择，通常包括半圆形、三角形和斧形等不同形状。蜡染是先用蜡刀蘸取熔蜡在布上绘制设计的图案或者纹样，再用蓝靛浸染，面料染色后将蜡除去，其纹理就呈现为各种图案或纹样，如蓝底白花或白底蓝花。在浸染过程中，蜡作为防染剂会自然地裂开，导致布面呈现出独特的"冰纹"，极具吸引力。

民间蜡染工艺广泛流传于中国西南少数民族地区，是广大少数民族妇女日常生活中不可或缺的艺术形式（见图4-82）。贵州黄平、丹寨和重安江一带的苗族妇女，其头巾、围腰、衣服、裙子、绑腿等服饰都是蜡染制成的，其他如伞套、枕巾、饭篮盖帕、包袱、书包、背带等日常用品也都使用蜡染。在贵州安顺和普定地区，苗族妇女将蜡染花纹巧妙地嵌入衣物袖口、衣襟和衣摆边缘，她们背孩子的蜡染背带具有精美细腻的色彩渲染。此外，有的创作者还会加入红、黄、绿等色彩，创造出独特的多色蜡染作品。

图 4-82　民间蜡染工艺

（四）泼染

泼染指的是通过以染液为墨水的手绘方式绘制图案，面料上放置盐或其溶液，以消除染液中的水分。随后，利用盐溶液或其他材料重新涂抹上染液，以提高上染部分的染料浓度。当染液完全干燥后，面料上就会形成具有丰富变化的花纹图案。

泼染对面料的平整要求比较高，不仅要求面料在干时应平整，还要求面料在上染液以后也应平整。设计师根据所采用的面料选用相应的染料，先用清水将所需染料在搪瓷盆或烧杯中溶解，由于许多染料在低温时很难充分溶解，往往还需加温染液，待各染液的温度降下来以后，便可在面料上按自己的设计构思进行随意的泼色或刷色，泼色或刷色完成之后，趁湿立即快速向面料上撒盐，随着盐的扩散，面料上将会出现类似水珠的抽象花纹。待画面自然全干以后，把面料从固定架上取下来进行固色，在面料的正、反两面各覆盖一层旧报纸或旧布，根据蒸锅的大小进行手风琴式折叠，这样的折叠便于蒸化，让各部分染色更均等。固色完成以后，用清水反复冲洗干净面料，最后用熨斗烫平整。

（五）夹染

夹染作为一种历史悠久的手工染色技术，起源于唐代，是截至目前仅能在中国古老工艺中发现的一种能够进行大规模生产的染色方法。它可以应用于棉花和麻纤维。夹染的题材以花卉和植物图案为主，成品花纹精致，具有持久耐用的特点。

夹染是一种将两块或两块以上的花版嵌入织物中，然后对折并紧固，再进行染色的技法。花版夹紧的部位不能染上色，撤去花版后即形成花纹（见图4-83）。夹染工艺是一种传统的防染方法，它利用花版来实现防染效果，因此花版的制作对整个工艺流程至关重要。

图 4-83　夹染设计面料

（六）枫香染

枫香染工艺在我国贵州地区有着悠久的历史。枫香染的重要原料是枫香树脂，它取自枫香树分泌的具有香味的树脂。枫香树脂与牛油按 1 ∶ 1 的比例混合后，用文火煎熬并过滤，形成枫香油，成为绘制图案的主要材料（见图4-84）。

图 4-84　枫香染设计面料

（七）段染

段染通过特定的染色工艺，在面料或纱线的不同区域施加不同的染料，从而形成多种颜色的组合（见图4-85）。这种技术打破了传统染色中单一颜色的限制，使得服装面料更加丰富多彩、更具层次感和立体感。段染技术可以在同一面料上呈现出多种颜色，使得服装更加鲜艳、多彩，可以创造出独特的图案和纹理，丰富服装的视觉效果。段染技术可以应用于不同类型的面料和纱线，如全棉、涤棉、腈棉等，从而创造出多种风格的服装面料。

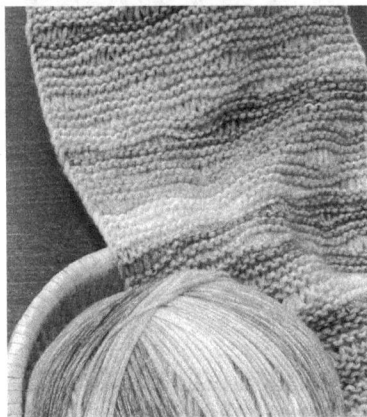

图4-85　段染设计面料

段染技法分为机械段染和手工段染两种形式。机械段染是通过机械设备进行自动化染色的一种技术，它可以实现高效、精确的染色效果，适用于大规模生产。机械段染设备有多种类型，如直接段染设备和间接段染设备等，可以根据不同的需求进行选择。手工段染是通过手工操作进行染色的一种技术，它更加注重细节和个性化，可以创造出独特的图案和色彩效果。然而，手工段染的生产效率相对较低，适用于小规模生产或定制服务。

二、绘画

绘画是指在服装面料上手工或用机器进行绘画，主要形式有手绘、喷绘、喷印等。服装上的绘画与美术作品有明显的区别，最关键的差别在于：在成衣上绘画不仅要受到面料色彩、肌理的影响，还要考虑色牢度及绘画颜料的选择，所以有一定的局限性。成衣上的绘画穿着在人体上，平面的形象以立体的方式呈现出来，适合独特的、新颖的、小批量的定制生产。

（一）手绘

手绘是指用画笔和染料直接在服装上进行图案创作的一种手法。手绘也是现代服饰图案创作的重要方法之一，是个性化服饰图案的表现手段，由于不受印制工艺的限制，具有极大的灵活性和随意性（见图4-86）。

图4-86 手绘设计服装

手绘表现和印花比较相似，但更加灵活和自由，基本等同于在成衣上作画。手绘技法有很多的表现形式：可以直接用毛笔、画笔等工具蘸取手绘染料或丙烯涂料按设计意图进行绘制；也可用隔离胶先将线条封住（使隔离胶透过布面），待隔离胶干后，用染料在画面上分区域涂色，颜色可深可浅、有浓有淡，很有特色。手绘的优势在于其自由度较高，能够进行勾勒和涂色，对图案的色彩并没有过多的约束，可以鲜明地展现设计师的个性偏好和风格特点。但因为手绘的不可变性，其主要适用于小批量、单件的服饰制作，手绘服装的制作成本也较高。

（二）喷绘

喷绘是一种借助特定的器材，在服装面料上喷洒许多颜色点，从而利用颜色点的疏密程度，形成各种纹样或图案的面料再造手法（见图4-87）。喷绘是一种基本的、较传统的表现技法，具有其他表现技法不可替代的特点与优势。相对于手绘，它具备更高的细腻性和真实感，能够再现真实的描绘物象，从而实现以假乱真的画面效果；与计算机、摄影等现代技巧相比，它所呈现的图像更加自然和生动。

图 4-87　喷绘设计服装

喷绘分为电脑喷绘和手工喷绘两种形式。电脑喷绘印花速度快，图案色彩可灵活自由选择，个性化强，无须传统印花烦琐的印前准备工作，无须转印纸，无须制版，印后无须水洗和蒸烫，只要在电脑上选择图案，将成衣如纸张般放入喷绘机内，短短几分钟，一件印花精美、图案个性张扬的成衣喷绘作品便制作完成。手工喷绘颜料通过溶剂调和，能够达到特定浓度，然后使用喷洒、泼洒、溅洒等方式在画面上形成自然的肌理效果。喷洒过程中的变化因素包括工具、方式、程度、浓度、时间和力度等，这些都会对最终的手工喷绘效果产生影响。

（三）喷印

1. 丝网印花

丝网印花是孔版印刷术中的一种主要印刷方法，其价格便宜，应用广泛。主要原理是丝网印版的部分网孔可以透过油墨，漏印到服装面料上，图案以外部分的网孔堵死而不能透过油墨，在面料上形成空白（见图 4-88）。现代成衣设计要求品种多、变化大，所以以人工为主的平面丝网印花因价格低廉、变化多样被广泛应用。丝网印花的印刷浆料种类繁多，主要有水浆、胶浆、厚板浆、石头浆、油墨、尼龙浆、滴胶、植珠、拔印、镭射粒等。

图 4-88　丝网印花设计面料

（1）水浆印花

水浆印花印出的成衣手感比较柔软，穿着舒适性好、透气性佳，但需在浅色面料上印刷深色图案才能表现出设计效果。水浆印花的工作原理近似于染色，其特点在于将面料的某一区域"染"成花位所需要的颜色。由于水性浆料具有水溶性，因此可以通过对印刷网版进行技术处理，使浆料可以在有图案的地方扩散或渗透，而没有图案的地方则不能渗透，从而将图案印制到织物上。

水浆印花因其独特的优点在 T 恤定制等领域得到了广泛应用。随着技术的不断进步和人们对服装个性化需求的增加，水浆印花工艺也在不断创新和发展。例如，改进水浆的配方和印花技术可以提高图案的遮盖力和色彩鲜艳度等性能，从而进一步拓展应用范围。

（2）胶浆印花

胶浆印花手感较硬，不透气，穿着的舒适感比水浆印花差，其优点是可以在深色面料上印刷浅色图案，但图案的设计面积不宜过大。胶浆印花工艺克服了水浆印花的局限性，它可以在棉、麻、粘胶、涤纶、锦纶、丙纶、氯纶及各种纤维的混纺织物上印花，也可在皮革、人造革等材料上印花。胶浆印花的色彩还原度高，使成衣看起来更加高档，在深色衣服上也能够印上浅色，且有一定的光泽度和立体感。胶浆印花广泛应用于 T 恤、卫衣、牛仔裤、运动服等服装领域，以及箱包、鞋帽、家居用品等纺织品领域。

（3）厚板浆印花

厚板浆印花源自胶浆印花，即胶浆经过多次印刷，使得图案具有显著的厚度与立体效果。此工艺要求较高，需要精湛的技艺和精确的操作，通常适用于运动休闲风格的服装款式中。图形样式一般为字母、数字、几何图案等造型的单直线条，线型不宜太细小。如别具一格的厚板浆花卉图案，常用于秋冬装皮料或较厚的面料上。

厚板浆印花广泛应用于服装、箱包、鞋帽、家居用品等纺织品领域。特别是在秋冬装皮料或较厚的面料上，厚板浆印花能够充分展现出其独特的立体感和质感。同时，它也适用于各种休闲风格的服装和配饰，如卫衣、T恤、牛仔裤等。

（4）石头浆印花

石头浆在印花工艺中又被称作拉浆或拉花浆，是一种特殊的印花材料。石头浆印花图案具有显著的立体感，能够呈现出类似石头和熔岩般的肌理效果，为印花产品增添独特的视觉层次。通过精确的印刷工艺，石头浆可以印制出线条清晰、边缘锐利的图案，确保印花效果的精准度。尽管石头浆印花图案具有立体感，但触摸时手感依然柔软，不会给穿着者带来不适，该印花具有较高的牢固度，能够经受住日常的摩擦和洗涤，保持图案的持久性。石头浆印花广泛应用于服装、箱包、鞋帽、家居用品等纺织品领域。特别是在潮牌男装中，石头浆印花因其独特的立体效果和个性化的设计而备受青睐。

（5）油墨印花

油墨印花效果类似胶浆，油墨黏附在光滑的面料上时颜色牢度极差，稍一用力就可以刮去，但用在粗糙面料上可以克服这类缺点，比较结实。油墨印花材料分为水基油墨、热固油墨和塑胶油墨。

水基油墨以水为稀释剂，具有环保、无毒、易清洗等优点。它适用于多种面料，如棉、麻、涤纶等，且印刷效果清晰、色彩鲜艳。但该油墨的干燥速度相对较慢，且在某些深色面料上的遮盖力可能不足。

热固油墨能够在高温下稳定地附着在服装面料表面，具有固色性强、色彩鲜艳、耐洗耐磨等特点。它适用于各种面料，包括棉、麻、涤纶、尼龙等，且可以在不同的工艺条件下进行印刷，如丝网印刷、热转印等。

塑胶油墨通常用于需要较高遮盖力和精细印刷效果的场合。它具有良好的附着力和耐磨性，但成本相对较高，且在某些环保要求较高的地区可能受到限制。

（6）尼龙浆印花

尼龙浆是一种由尼龙聚合物制成的浆料，因为有较好的张力，一般用在光滑面料制成的成衣上。尼龙本身是一种合成的热塑性线性聚酰胺，具有优良的耐磨性、强度和弹性。尼龙浆广泛应用于各种纺织品的印花工艺中，如T恤、卫衣、牛仔裤、运动服等。在印花过程中，尼龙浆通常与其他浆料（如透明浆、白胶浆等）混合使用，以增强印花的视觉效果和牢固度。

（7）滴胶印花

滴胶印花通过将特制的滴胶材料（通常是一种塑料黏合剂）均匀地滴在服装面料表面，然后利用加热或其他固化方式使滴胶材料固化，从而在面料上形成凸起或半凸起的图案或文字。这种工艺结合了滴胶的立体效果和印花的色彩鲜艳度，使得印花图案更加生动、立体。滴胶印花是一种具有独特立体效果和色彩鲜艳度的印花工艺，被广泛应用于服装、箱包、家居用品等领域。滴胶印花的制作应注意选择合适的滴胶材料、控制印刷质量、注意固化温度和时间以及做好后处理工作等方面的问题。

（8）植珠印花

植珠印花是一种难度较高的印花工艺，植珠也称牙刷花，因其类似于一根根竖起来的牙刷须而得名，它的顶部是圆珠状的，可以将其他颜色附着在上面，像是顶着一颗颗珠子一般。植珠印花用不同颜色的珠子进行组合，从而制作出色彩丰富多变的印花图案，具有较好的柔软性和弹性，使得印花后的面料手感依然舒适。植珠印花具有较好的耐磨、耐洗性能，图案不易脱落或褪色，能够长时间保持印花效果。植珠印花工艺广泛应用于服装、箱包、家居用品等领域。在服装领域，植珠印花可以用于制作 T 恤、卫衣、牛仔裤等服装的印花图案；在箱包领域，植珠印花可以用于制作手提包、背包等箱包的装饰图案；在家居用品领域，植珠印花可以用于制作窗帘、沙发套等家居用品的印花图案。

（9）拔印印花

拔印又称拔白或色拔，指的是用化学反应把织物组织纤维的颜色抽拔掉，呈现出斑斑驳驳的洗水效果，常用于男装服装设计中。拔印印花后的面料表面平滑，没有额外的涂层或浆料，因此触感柔软且透气性好。拔印工艺广泛应用于纺织和服装行业，特别适用于需要展现独特视觉效果和个性化定制的场合。例如，在 T 恤、卫衣、牛仔裤等服装上，拔印可以创造出独特的印花图案；在窗帘、沙发套等家居用品上，拔印也可以增添独特的装饰效果。

（10）镭射粒印花

镭射粒印花面料也称激光面料，是一种经过高科技激光技术处理的新型面料。它利用光与物质的相互作用原理，通过涂层工艺在面料表面形成一层特殊的薄膜，这层薄膜能够在光线的作用下反射光波，呈现闪闪发光的效果。同时，结合烫金等工艺，还可以形成具有全息渐变色的镭射效果。面料上的镭射粒就是这种镭射效果的颗粒状表现。镭射粒印花面料广泛应用于服装、鞋子、家纺、礼品包装等多个领域。在服装领域，镭射粒印花面料可以用于制作 T 恤、卫衣、外套、裤子等多种款式的服装。

2. 数码喷射印花

数码喷射印花系统是一种集机械、电子和信息处理设备为一体的高新印花技术。这一技术近年来在国际上非常流行，特别是在与数码纺织相关的数字印染领域。数码印花颜色繁多，印花机使用了四色加专色，理论上可以印刷出 1670 万种颜色，包括单色或者渐变色，数码印花技术的应用对我国纺织成衣业的发展产生了重大影响。

数码喷射印花通过各种数字化手段设计图案，将所需图案输入计算机，经过电脑印花分色系统（CAD）编辑处理后，将染液直接装入专用盒子中。此方法避免了冲洗调浆印花机排放染液，实现了无污染印花过程。此外，此方法省去了胶片、丝网、银筒等材料的消耗，符合环保要求。数码印花技术克服了传统分色描稿、制作片和制作网的数字与模拟量之间的转换限制，能够最大限度地满足消费者的个性化需求。传统丝网印花从图案设计到产品成衣需要几天的生产周期，而数码印花只需要 1～2 个小时。

数码喷射印花是一种对染料施加外力，使染料通过喷嘴喷到织物上，形成一个个色点的工艺。整个图像是由细小的色点构成的，因此在实施过程中需要有较高的喷射点密度，一般来说，360～720dpi 即可实现清晰和美观的效果。鉴于印花织物的经纬密度限制，分辨率并不是越高越好。分辨率的提升对喷嘴的喷射频率和定位精度均提出了更高的要求。因此，数码喷射印花机需具备高精度的喷嘴技术、高精度的机械控制技术以及高度稳定的、可靠的喷射染液。

3. 热转移印花

热转移印花的优点是生产迅速，无须制版，能做到立等可取。热转移印花图案颗粒细腻，可以达到照片级的水平，而普通印花却达不到。做小面积的图案，热转移印花更合适、更便宜。热转移印花的缺点是必须借助热转印纸上的白色基质熔化，才能把图案"粘"到 T 恤上，所以传统热转移印花图案往往有不自然的僵硬白色边缘，热转移印花摸上去像一层胶皮，因为白色基质加颜料差不多有 0.5 毫米厚，是连续的密封层，对透气性影响较大。随着技术的发展，热转移印花成本较高、印花使用范围受限制的问题将得到解决，在成衣上的应用范围也将日益扩大。

热转移印花的制作过程是将所需要的图案交付相关生产厂家进行生产，设计图稿可以是手绘的设计图，也可以是电脑设计图。制作者将设计图输入电脑进行花型分色，采用精密的电雕机精细雕刻，使图案花型艺术化印制在特种纸上，然后再根据设计需要把印花纸面向面料放置在所需位置，经过一定的时间、温度和压力的作用，花型被印在面料上，即为热转移印花。

第三节　服装面料的组合设计

服装设计中的面料组合应用，旨在丰富服装组织结构和层次感，从而呈现出新颖的视觉效果。这种方法的核心在于强调色彩组合以及各类材料体系的协调性。面料的组合设计主要体现在以下三个方面，即肌理组合设计、色彩组合设计和饰品组合设计。

一、肌理组合设计

肌理组合设计指的是将多种材质、形态和组织构造的面料，通过组合设计的手法制作成一个整体并呈现出多样化风格的质感和纹理效果。在服饰领域，视觉层次主要源于各类服装面料所呈现的多样性色彩、图案及纹样等元素。触觉肌理是指人通过触摸感受到的不同心理体验，如粗糙与光滑、柔软与坚硬、细腻与粗犷、轻盈与厚重等。这些肌理是通过人的物理感知和心理感知相互作用而产生的。空间立体感和形态变化是触觉肌理与视觉肌理的最大区别。肌理设计在服装设计中既具有简洁的风格，又具有独特的艺术构思，通过色彩的光影流动，面料肌理可以呈现出奇幻多变的视觉效果。

服装面料再造艺术的一个重要目标就是针对面料表面或细腻或粗糙的纹理进行着重强调，同时对柔软材质面料进行再造，多采用折叠、抽丝、重叠等立体表现手法，从而提升其层次感。肌理这一抽象概念，其独特质感的创造主要源于设计师的丰富创意所带来的变化。

（一）自然肌理组合设计

自然肌理组合设计是对面料自身的物理性质和化学性质的综合设计，显示出一种独特的表面效应。服装面料的质地丰富多样，能够给人带来不同的视觉享受。例如，质地厚重的面料给人以稳重的美感；轻薄的面料则给人以浪漫的美感；硬质面料赋予服装挺括的美；粗糙质地的面料则呈现为原始美。

1. 软硬组合设计

软硬组合设计指的是把轻薄柔软的面料与厚重的面料有机结合，可运用不同色调或相同色调的面料进行拼接，形成一种强烈的对比效果。

2. 虚实组合设计

虚实组合设计指的是根据面料的特性，把厚重面料与镂空面料拼接，或者通过对面料抽丝再与原面料拼接，虚实相间，体现面料的个性化造型效果。

3. 嵌合性组合设计

嵌合性组合设计指的是在组合拼接处理中，利用反向思维，把两种不同的面料相互嵌合，如将马海毛随意盘绕在针织面料上，呈现出抽象、朦胧的视觉效果，传达出追求空间层次和多维视觉形象的创意，赋予面料新的活力。

（二）创新肌理组合设计

针对面料肌理的创新设计应结合面料特性，根据实际情况展开富有创意且丰富的设想。设计师应运用多样化的工艺手段，对面料进行进一步的艺术修饰，从而创造出新颖、独特的肌理风格。在创新肌理组合设计中，一般选用弹性较好、可塑性较强的轻薄型或稍厚一点的面料进行创作，如塔夫绸、双绉等丝绸面料；驼丝锦、凡立丁等薄型毛料；柔软的皮革和各种化纤混纺或仿真丝面料等。制作花卉图案的面料主要有薄型织物，包括布、绸、纱、绢和仿真丝等，有时还会用到薄型毛料进行制作。

综上所述，无论是天然肌理，还是通过人工干预营造的肌理，都是设计师传达情感、彰显个性和阐释设计理念不可或缺的媒介。在操作过程中，设计师应对影响面料外观的各项因素进行深入研究，持续挖掘其外观再造的可能性，改变面料的现有状态，采用多样化的组合方式，以实现意想不到的视觉效果。

二、色彩组合设计

服装面料的色彩组合设计体现为面料本身的色彩特性，以及在处理过程中产生的色彩变化，这些变化还包括不同面料之间组合关系导致的色彩变异，以及面料受到环境因素的影响所产生的色彩流动。服装色彩与其他色彩的最大区别在于它与面料的质感有着紧密的联系。

服装的颜色是通过服装面料表现出来的，由于服装面料的内部构造和表面纹理的不同，人们视觉感知的颜色也发生了变化。在面料的质感方面，天然真丝织物具有较高的色彩纯度和鲜明的色彩，而毛料织物则色泽含蓄；化学纤维的色泽亮丽，但染色程度较低；棉麻织物色泽较为平淡。在面料的纹理方面，光滑的面料呈现出明亮的颜色，且具有丰富的折光现象；粗糙的面料则表现为灰暗、浑浊的颜色；柔软的面料呈现出淡雅的颜色，立体的面料则表现为色彩鲜明的对比。

随着时间的推移，无论色彩的组合是否相同，同一颜色在不同面料上都会呈现出各异的色彩态度。例如，在皮革上，黑色表现出柔和而深邃的色彩；在棉麻织物上，黑色表现为朴素和庄重；在粗花呢面料上，黑色呈现出沉稳且厚重的气息；在丝绸缎品上，黑色呈现为高贵而奢华的风格；在蕾丝纱面料上，黑色则表现出浪漫与神秘的美感。可以看出，类似色系的面料组合所产生的色彩体验是不同的。

（一）拼色

拼色是一种将不同颜色、质地、纹样的面料相互拼接、添加到成衣上的装饰手法。拼色主要分为异料异色拼、同色异料拼与异色同料拼三种。拼色部位可以是任意的，通常拼色的位置都是为了强调服装的某一部分或做色彩的装饰（见图4-89）。

图 4-89　拼色设计服装

（二）特殊缝型装饰工艺

特殊缝型装饰工艺主要通过打造服装异色、异料的装饰效果起到对服装的装饰作用。

1. 滚边

滚边也称包边，是处理衣片边缘的一种方法，也是一种装饰工艺（见图4-90）。滚边按形状分，有细香滚、窄滚、宽滚、单滚、双滚等多种；按滚条所用的材料及颜色分，有本色本料滚、本色异料滚、镶色滚等；按缉缝层数分，有两层滚、三层滚、四层滚等。

图 4-90　滚边设计服装

2. 嵌

嵌也称嵌线，是一种处理装饰服装边缘的工艺（见图4-91）。嵌根据缝装部位的不同可以分为外嵌和内嵌两种类型：外嵌指装在领口、袖口、手襟等止口处外面的嵌线，是应用最普遍的一种嵌线；里嵌是嵌在滚边、镶边、压条等里口或两块拼缝之间的嵌线。嵌根据内部有无衬线绳，可以分为扁嵌和圆嵌两种类型。嵌根据线材颜色可分为三种类型：本色本料嵌、本色异料嵌和镶色嵌。

图 4-91　嵌线设计服装

3. 镶

镶即镶边，是一种将内衬材料与镶嵌材料结合在一起的工艺。从表面上看，镶边有时与滚边无异，主要区别是滚边包住面料，而镶边则与面料对拼，或在中间镶一条，即嵌镶，或夹在面料的边缘缝份上，即夹镶。滚边、镶边在成衣上的装饰作用主要体现在滚、镶的面料与服装面料颜色或质地的不同。

4. 宕

宕即宕条，指做在衣服止口里侧衣身上的装饰布条。宕条的做法有单层宕、双层宕、无明线宕、一边明线宕、两边明线宕；式样上有窄宕、宽宕、单宕、双宕、宽窄宕、滚宕等多种。宕条的颜色一般为镶色。

三、饰品组合设计

饰品组合设计指将服装以外的各种服装配件或饰品与面料组合搭配，利用不同材质和色彩的特点来设计出不同的面料。面料与饰品的软和硬、厚和薄、平滑和粗糙、闪光和亚光、透明和非透明等相反的特质，可以实现强烈的对比效果。

（一）气眼

气眼指的是在成衣上打孔，以固定面料，防止面料脱纱，也可以起到很好的装饰作用。常见的气眼材料有铁和铜：铁的质地轻薄，颜色鲜亮；铜的有一定的重量感，颜色比较深。设计师要根据服装的风格和面料的不同选择不同的气眼进行面料的装饰。气眼的装饰作用体现为疏密和大小的不同。气眼可与绳组合，有束紧及装饰的作用，也可单独使用，形成孔状的装饰（见图 4-92）。

图 4-92 气眼设计服装

（二）花边

传统花边为纯棉、真丝或棉与人造丝交织的带状提花织物，有不同的宽窄和丰富多彩的花型品种。花边用途很广，可做女装、女内衣和童装的装饰。

（三）蕾丝

蕾丝是镂空的织物，十分精美华丽，是用很好的纱线（如棉线等）交织形成图案的一种装饰物。蕾丝因其华美的外观，经常被用作装饰。常见的装饰手法是设计成服装局部的贴片或镂空缝合装饰面料边缘。

（四）流苏

采用人造丝编织成很细的绳状物，以一定的长度排列、固定在一条基带上，形成悬垂的穗子，这就是流苏。流苏潇洒飘逸，常作为边饰（见图4-93）。

图4-93　流苏设计服装

（五）纽扣

纽扣设计并非纽扣本身的造型设计，而是指在服装设计中进行纽扣的选配。

纽扣在服装设计中占据至关重要的位置，除了保持服装的紧密性和固定性，还在造型、色彩和材质等方面起到美化服装的作用。由于纽扣通常在服装上较为引人注目，选择恰当的纽扣能够提升服装的美感效果（见图4-94）。

图 4-94　纽扣设计服装

第四节　服装面料的工业化加工方法

现代服装进入了一个以面料取胜的时代，新型工业化加工的面料已经成为提高服装附加值的关键，工业化加工在传统工艺的基础上拓宽了面料多样化发展的途径，可以促进面料再造的科技创新，给服装的个性化风格设计提供了新方向。

一、面料褶皱的制作

各种形态的褶皱是服装设计中运用较多的设计语言，工业化加工方法能使原有的面料肌理发生改型变化，使服装面料显得更有内涵，更生动活泼。

（一）匀称褶皱

匀称褶皱是褶与褶之间表现统一的一种模式，如褶皱的长度、宽度、间隔大小都相同或相似，从而呈现出有序的动感特征。匀称褶皱呈现出一种成熟与端庄，活泼之中不失稳重的气质（见图4-95）。

图4-95 匀称褶皱设计服装

（二）自然褶皱

自然褶皱呈现出无拘无束的面料再造风格，其在大小、间隔等方面都表现出随意性。自然褶皱展现了活泼大方、怡然自得的特点。自然褶皱大体有两种，即缩褶和波形褶。

（三）粗犷褶皱

粗犷褶皱表现为粗犷豪放、大气而不受拘束的面料风格。粗犷褶皱的代表是猫须牛仔长裤。

（四）断续褶皱

断续褶皱指服装中的褶皱设计是不连续的，具有无条理和不连贯的特性（见图4-96）。断续褶皱的种类有乱皱、绳皱等。乱皱就像把成衣随意揉搓产生的褶皱；绳皱是竖直方向的自然的褶皱，外观看起来就像绳子一样，是把成衣扭曲再松开从而产生的褶皱。

（a）　　　　　　　　（b）

图4-96　断续褶皱设计服装

（五）部位褶皱

部位皱褶指将服装局部压皱，是在成衣的某一部分做出的自然褶皱（见图4-97），就像衣服穿的时间长了某部分就会产生的褶皱一样，常与水洗工艺一起使用。

图4-97　部位褶皱设计服装

二、工业化水洗加工方法

服装的洗涤可以达到不同的外观效果，各种服装洗涤技术的应用为服装的流行时尚创造出很多不同的风格。特殊的颜色效果和洗涤后的外观，均可通过洗涤

103

工艺获得，尤其对天然材料，如棉和染色面料，冲洗之后的特征最为明显。为得到一个特定的风格，洗涤工艺的选择至关重要。各种不同的洗涤效果由洗涤工艺与织物结构之间的配合方式而定，通常服装的洗涤工艺大多数是针对牛仔服装或纯棉服装的。

（一）普洗

普洗即普通洗涤，加入柔软剂或洗涤剂，可以让服饰在清洗后变得更加柔软且舒适。根据洗涤时间和洗涤剂用量，可分为轻普洗、普洗和重普洗。为了保持服装颜色鲜艳，有时也加放硅油。

（二）石洗

石洗是一种清洗方式，在洗水中加入适当的浮石，以使其与衣物表面产生磨擦效果。针对设计的不同需求，可以运用黄石、白石、AAA级石、人造石和胶球等对面料进行清洁处理，以实现相应的水洗效果。在洗涤结束后，面料呈现灰蒙、陈旧的外观，并且存在轻微或重度破损（见图 4-98）。在牛仔服装生产中，这种最基础的工序环节被广泛采用，其操作流程极其关键。由于牛仔服装的各个部位，如腰头、口袋和缝合部位等呈现不同程度的磨损，通常情况下需要先确认颜色对比效果以及水洗后的图案，再进行漂洗褪色处理。

图 4-98　石洗的磨边效果

（三）酵素洗

纤维素酶酵素是一种生物活性物质，当其在特定 pH 和温度条件下发挥作用时，能够对纤维结构进行降解，从而实现面料的温和褪色和毛发的褪毛（产生"桃皮"效应，见图 4-99）。此外，该物质还能持续保持面料的柔软性。纤维素酶被视为一种生物浮石，其在洗涤过程中能将牛仔上的靛蓝染料分离出来。由于使用浮石的数量减少，衣物受损程度降低，对机器的损耗减少，同时洗涤环境中的沙尘也有所减少。生物浮石在后整理阶段的效果变化，可以使牛仔服装大幅度地脱色而不损伤面料，而在洗涤机里少加浮石，多放衣物，也可以使生产效率大大提高。

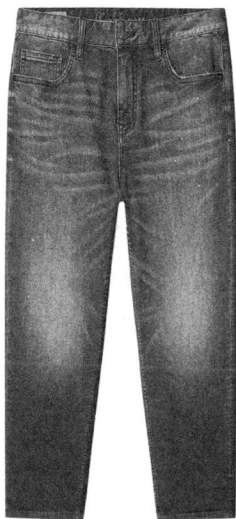

图 4-99　酵素洗的褪色、褪毛效果

（四）砂洗

在衣物的洗涤过程中，砂洗多使用碱性化合物和氧化剂，以使衣物在洗后具有一定褪色效果和陈旧感。此外，如果使用石磨进行洗涤，洗后的面料表面会呈现出柔和的霜白绒毛，此时进一步添加一些柔软剂，可以提升织物的舒适度，并且使洗涤后的织物更加柔软、柔和。

（五）化学洗

化学洗指的是通过使用具有较强碱性效应的助剂（如 $NaOH$、$NaSiO_3$ 等）来实现衣物的褪色效果。衣物在化学洗后经过柔软剂处理，会呈现出较为显著的陈旧感（见图 4-100）。如果将这些衣物浸泡在柔软剂中，还可使衣物呈现出饱满、富有弹性的效果。在化学洗过程中加入石头，这种工艺被称为化石洗。该工艺能够提升衣物的褪色与磨损程度，从而赋予衣物独特的褪色和磨损感。此外，化石洗集化学洗与石洗的综合优势，洗涤后可以达到仿旧和起毛的效果。

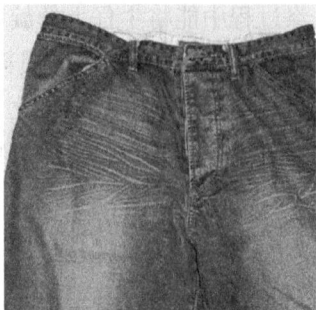

图 4-100 化学洗的残旧效果

（六）漂洗

漂洗可以分为两种类型，即氧漂和氯漂。氧漂是一种利用双氧水在特定 pH 和温度条件下进行氧化反应，以破坏染料结构，从而实现褪色和增白的工艺。通常，漂布的表面会呈现出浅色的泛红现象。氯漂是一种化学手段，通过次氯酸钠的氧化作用，对染料结构进行破坏，最终达到褪色的效果。氯漂的褪色效果比较粗犷，通常用于靛蓝牛仔布的漂洗。

（七）破坏洗

破坏洗指的是经浮石研磨及助剂处理的服装，在某些部位（如骨位、领角等）可能会出现轻微的破损，清洗后的衣物呈现出显著的破损痕迹（见图 4-101）。

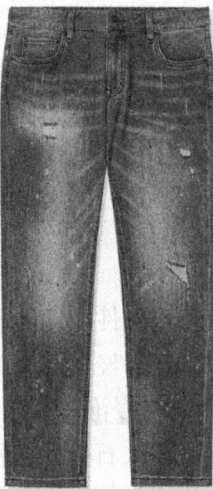

图 4-101 破坏洗的破损效果

（八）冰（酸）洗

冰（酸）洗指的是将浮石作为载体，吸收服装上的化学物质，从而实现颜色的剥离。这种剥离仅使服装表面产生一种霜的外观，而没有去掉服装表面的其他色彩（见图4-102）。靛蓝和优质的硫染料最适于这种水洗过程。

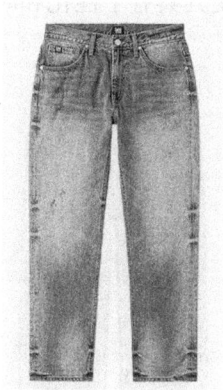

图4-102　冰（酸）洗的白霜效果

（九）碧纹洗

碧纹洗也叫单面涂层或涂料染色，是专为经过涂料染色的服装而设的水洗方法。碧纹洗在制作时将植物染料均匀地附着在织物表面，巩固原来的艳丽色泽及增加手感的软度。碧纹洗面料颜色自然，经过水洗后，面料更加柔软，呈现出怀旧文雅的风格（见图4-103）。

图4-103　碧纹洗的自然效果

（十）雪花洗

雪花洗是一种将干燥的浮石用高锰酸钾溶液浸透，然后在专用转缸内直接打磨衣物的一种水洗方法。浮石打磨在衣物上，使高锰酸钾把摩擦点氧化掉，造成布面的不规则褪色，形成类似雪花的白点。之后再用草酸中和、水洗，并加上柔软剂，赋予服装独特的外观，使其具有个性化和时尚感（见图 4-104）。

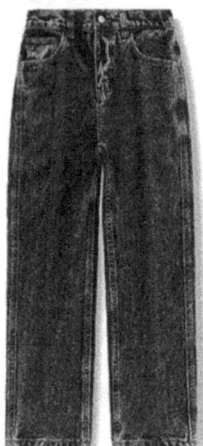

图 4-104　雪花洗的时尚效果

第五章 服装面料再造艺术的具体应用

在实际服装设计中，服装面料设计是设计师系列创意设计的附属产品，面料创意设计在服装设计中虽然不能喧宾夺主，但将创意面料设计融入不同风格的服饰中可以起到画龙点睛的作用。面料创意设计常常被运用在领口、袖口、底摆等部位，可以勾勒出服装的廓形；运用在腰部、前胸等部位，可以强调整体的线条。设计师巧妙地运用面料创意设计给予服装更多的新鲜感，使系列服装的主题融合得更完美。本章围绕服装面料再造艺术在不同服装风格中的运用、服装面料再造艺术设计实践展开论述。

第一节 服装面料再造艺术在不同服装风格中的运用

服装风格在一定意义上是独特性与差异性的体现，服装品牌最重要的就是要确立自己的风格，在产品中演绎其风格特色与个性，彰显品牌文化内涵，从而体现品牌的品质、品位、品项和附加价值。风格不同的服装品牌在样式、面料上也有不同，可按历史阶段、地域、文化与职业特色来划分，也有按类型倾向来进行分辨的。常见的成衣类型可划分为传统古典风格、柔美浪漫风格、民族乡村风格、先锋前卫风格、休闲运动风格、硬朗军服风格、现代都市风格等。

一、传统古典风格

传统古典风格一般给人以传统、本源、怀旧、正统、规范的服饰印象。在当前国际时尚潮流的演变中，服装设计的倾向以传统古典为创作的主要灵感来源，体现深厚的文化背景。传统的审美观是其设计准则，具有相对稳定的服装样式概念和整体着装规范，代表了长期稳定的正统派服装倾向。西方从古希腊开始，一直贯穿着一条传统的审美标准，即认为美建立在平衡、对称、和谐的基础上，崇尚传统的服装审美意识，反映了人们对于服装的文化性和相对稳定性的追求。这一服装倾向以具有一定经济实力、文化素质较高，并以追求精神生活为消费意识的成熟女性为主体对象，多采用在某种意义上较少受潮流冲击的服装样式，具有本源、稳定的特性，并带有淡淡的怀旧情怀。传统古典风格的服装大多采用经典的面料，色彩不会很艳丽。

从以上的装饰元素分析来看，对于传统古典风格服装，其设计手法之一是采用褶皱进行装饰，该设计手法的目的是赋予服装一种独特的气质和风格。传统古典风格服装的褶皱设计多采用自然形态的细褶皱，在服装的下摆和袖口等处占据主要装饰位置。季节不同，传统古典风格服装的装饰手法也略有改变，秋冬还采用裘皮来装饰和绗缝；春夏多采用层叠设计及大的镜片的镶饰（见图 5-1）。

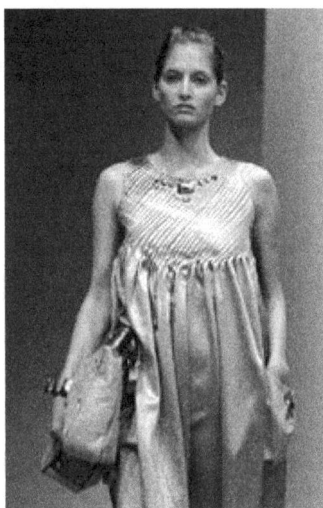

图 5-1　传统古典风格服装

二、柔美浪漫风格

柔美浪漫风格服装给人留下了浪漫、梦幻、甜美和清纯的视觉印象。20 世纪以前的女性服装体现了这类风格的主流特征，强调温柔、甜美、可爱的女性美。现今，女性的柔美浪漫风格倾向在女装中仍占据十分重要的位置。柔美风格服装印象主要突出女性纤美、动人、丰满的整体形象，尽量摒弃一切生硬的设计因素，色彩纯净、妩媚，上下装的比例变化大、节奏感强，而潇洒、飘逸、朦胧是浪漫风格服装的主要特征。

柔美浪漫风格服装利用柔软、轻薄、透明的材质以及缎子和花边，并在色彩上采用明亮、柔美而丰富的浅粉色调，追求含蓄、明快而富有浪漫气息的色彩感觉。在样式上，柔美浪漫风格服装具有强调优美曲线造型、追求动感变化及层次变化的特点。服装面料再造艺术方面常常采用刺绣、珠绣、滚边、花边等富有手工艺感觉的设计技巧，细节处可采用饰带绣、花饰等处理（见图5-2）。

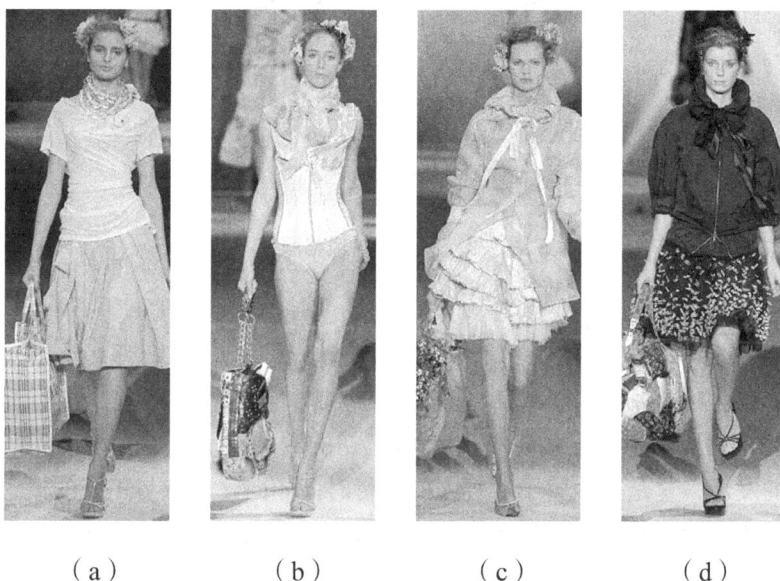

（a）　　　　　（b）　　　　　（c）　　　　　（d）

图5-2　柔美浪漫风格服装

三、民族乡村风格

民族乡村风格服装使人们产生原始、自然、田园、朴素的联想，给人一种非常舒适的感觉。以世界各地的民族服饰为灵感来源的时尚趋势，揭示了生活在现代化都市的个体回归自然的内心诉求，体现了自然朴素的地域文化。民族乡村风格服装往往遵循直线构成，同时以单纯的设计语言展现。设计师运用装饰性图案、具有民族特色的面料以及传统装饰技法，强调款式、色彩、面料的多样化组合和层次上的差异，以及局部手工处理的特征，使服装在色彩上富有浓郁的视觉效果。民族乡村风格服装的设计制作多使用一些独特元素，常用的工艺有挑花、嵌花、插拼、绒绣、抽纱、刺绣、扎染、蜡染等（见图5-3）。

图 5-3　民族乡村风格服装

四、先锋前卫风格

先锋前卫风格服装给人以反传统、反体制、破坏性的感觉，相当于各现代先锋派艺术在服装风格上的表现。20 世纪初的欧洲前卫艺术运动是先锋前卫风格服装的发源，这是完全属于年轻人的流行时尚倾向，具有与正统的概念和传统社会规范相反的超时代的意识，在装饰语言中具有刺激、开放、强烈、奇特和独创的风格特点。该风格服装不拘一格，个性随意，在装束上多打破传统服装的比例和正常结构的稳定性以及常规的场合规则，具有强烈大胆的视觉效果。20 世纪 60 年代首先在英国出现，而后又影响了整个时装界，如被称为"垮掉的一代"的摩登派服饰，20 世纪 70 年代出现于伦敦的朋克族、幻觉艺术服饰，20 世纪 80 年代日本设计师山本耀司、川久保玲发表的乞丐装和 20 世纪 90 年代年轻一代设计师的解构主义与后现代主义的服装等，都是这类风格倾向的代表。先锋前卫风格服装设计的特征在于异常创新的时装形式和别出心裁的奇异服饰，在材料的运用上往往采取异乎寻常的搭配方法，因而适合追求流行的时髦青年，具有强烈的个性。这类时装倾向往往流行周期短，突如其来且难以预测，但在宏观意义上也反映出新的社会思潮和未来社会发展的新动态。

先锋前卫风格服装的装饰细节造型夸张、突出、位置无序、形态无章、搭配任意，面料的处理经常运用打毛、挖洞、打铆钉、磨砂、刺绣、钉珠等服装面料再造艺术手法，以创造新颖的视觉效果（见图 5-4）。

图 5-4　先锋前卫风格服装

五、休闲运动风格

休闲运动风格服装给人以运动、实用、机能、明快、健康美的服饰印象。休闲运动风格服装注重穿着的舒适度，且穿脱便捷，具备明显的季节适应性。休闲运动风格服装的设计灵感多来源于日常服饰、工作装等实用的服饰，如体育运动服、室内运动服、野外作业服及特种防护服等。在设计上为了强调年轻、个性、富有运动感的服饰效果，该风格服装注重机能性设计，服装面料再造艺术多采用各类材料拼接组合的手法，还有发泡、数码印花、转移印花等技术，在局部运用各种带有明辑线的口袋以强化设计，在局部配套上多采用具有男性特征的有机械感的贴布绣以增强个性表达效果（见图 5-5、图 5-6）。

图 5-5　休闲运动风格服装　　图 5-6　休闲运动风格服装

六、硬朗军服风格

硬朗军服风格服装具有健康明快的格调，给人以追求独立、潇洒、自信、干练并富有职业精神的印象，在设计上应相应注入女性服装中相对柔和、潇洒和亲切宜人的特征，以打破男性服装中那些过于生硬和程式化的服装形式，从而达到刚柔结合、稳中求变的设计效果。硬朗军服风格服装的面料再造艺术多运用装饰线，包括拼色、包边、滚边等装饰方法（见图5-7）。

（a）　　　　　　　　　　（b）

图 5-7　硬朗军服风格服装

七、现代都市风格

现代都市风格服装给人以大都会、合理主义、机能表现、构成主义以及具有未来感觉的服饰印象。该流派凸显了当代先进的科学技术在生活中的运用，以及呈现未来世界风格的创新成果。该设计遵循现代设计理念，全面分析服饰的功能性与合理性，并从现代设计的视角出发，通过简洁的设计语言打造符合时代且超时代的时装主题。现代都市风格服装的设计语言通常在服装造型上采用单纯、简洁、明快的手法，面料特征多为平面、光滑或带有弹性，具有现代感和未来感，并加以强烈对比或非常简练的配色，色彩多以冷色或纯色为主，一般不采用花纹图案面料。

现代都市风格服装亦是简单风格的服装，它去掉了烦琐的装饰、多余的细节，但提升了服装的内涵、品位。它的服装面料再造艺术多应用规律褶和立体布纹设计手法，细节设计精细、巧妙，制作工艺精湛（见图5-8）。

图 5-8 现代都市风格服装

第二节 服装面料再造艺术设计实践

面料的肌理设计作为一个基本的因素在服装设计中发挥着极其重要的作用，设计师要根据不同的材料、不同的形式，有机地结合环境，创造性地编排各种因素，让服装设计作品更精彩。在服装设计中用同一种材料进行创意设计可能会整体缺乏活力和变化，因此，设计师要尽可能运用各种方法使相同的材料产生不同的肌理，并将其合理地应用在服装的相应部位。

一、面料再造艺术小样设计

在服装设计中触觉肌理设计是最常用的一种使材料产生不同肌理变化的方法。对面料进行触觉肌理再造时，设计师要注重整体的形式美和设计表现的需要，也要考虑服装穿用的实用性，要多加实践和试验，才能创造出更加新颖和丰富的形式。以下介绍几种取材方便、设计简单、效果明显的触觉肌理设计方法。

（一）加法设计

加法设计是指在面料上附加其他装饰元素，如辅料或饰品，使原有面料具有更丰富的肌理和视觉效果。加法设计有很多表现方法,如钉缀、盘绕、拼贴等。加法设计并不是简单地在面料上附加元素,而是把原有面料当作"画板",用工艺手法在上面描绘图画,是对原有面料的锦上添花,设计时既要考虑元素和元素之间的协调关系,又要考虑装饰元素和原有面料的搭配问题,搭配方法举例见图5-9 至图 5-14。

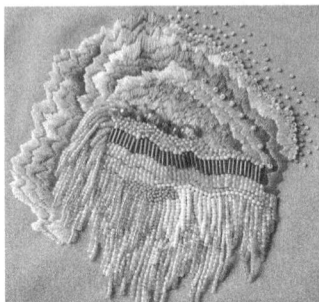

图 5-9　缀珠、刺绣搭配设计

图 5-10　绳子、布条搭配设计

图 5-11　绳子、珠子搭配设计

图 5-12　羽毛、珠子搭配设计

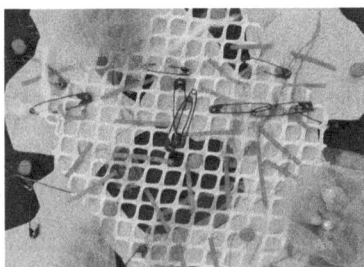

图 5-13　别针、丝网搭配设计

图 5-14　层叠搭配设计

（二）减法设计

减法设计是指打破面料原有的完整性，改变面料的原有结构，使之形成一种破碎的、通透的感觉。被破坏和未被破坏的地方会形成一种肌理对比，使面料产生一种新的形态。减法设计可以通过烧、镂空、抽纱等方式来实现，搭配方法举例见图 5-15 至图 5-20。

图 5-15　镂空、绘画搭配设计

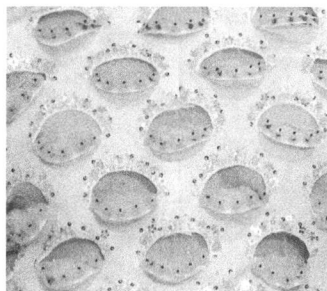

图 5-16　镂空、饰珠搭配设计

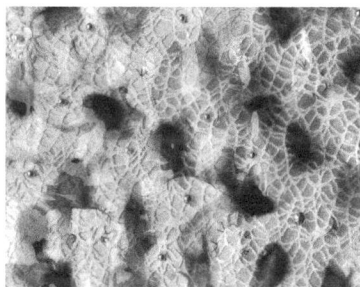

图 5-17　烧、珠子搭配设计

图 5-18　镂空、饰管搭配设计

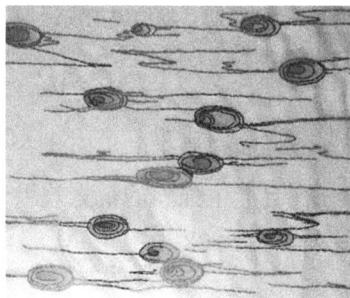

图 5-19　镂空、彩绘、缝线搭配设计

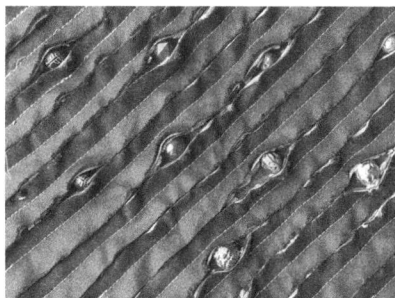

图 5-20　剪切、纽扣搭配设计

（三）钩编织设计

钩编织设计是用钩织或编织的方法把毛线或布条交织、穿插在一起，形成或疏或密的网状或圆片结构。钩编织设计一般选用毛线，效果粗犷、色彩丰富，具有原生态的味道，搭配方法举例见图5-21至图5-24。

图5-21　编织、纽扣搭配设计

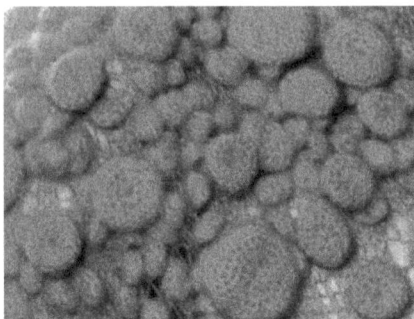

图5-22　编织、堆积搭配设计

图5-23　毛线编织搭配设计

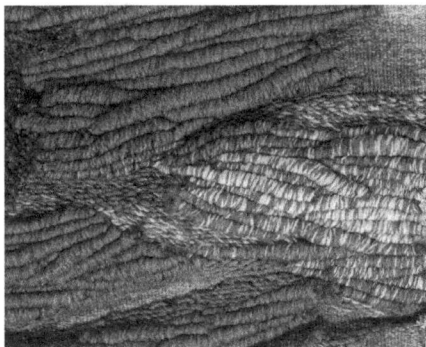

图5-24　卷结编织设计

（四）立体设计

立体设计就是通过挤压、折叠、变形等手法改变面料原来的平面状态，使之具有凹凸感。面料的立体设计用在服装设计中往往会产生强烈的视觉效果，是很多设计大师常用的表现方法，设计举例见图5-25至图5-28。

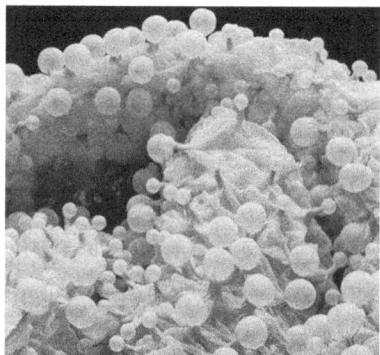

图 5-25 无规律绣缀设计

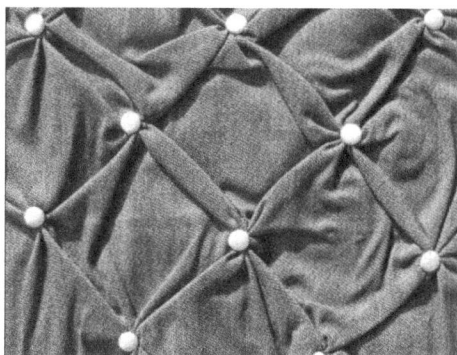

图 5-26 规律绣缀、珠子搭配设计

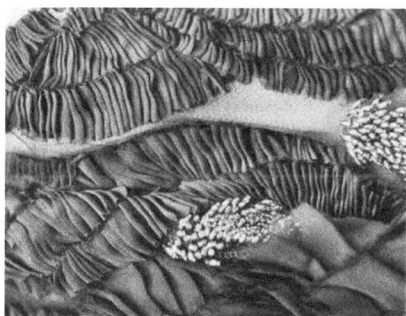

图 5-27 抽褶设计

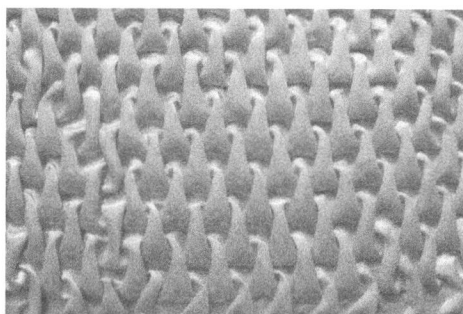

图 5-28 规律绣缀设计

二、系列服装设计中的面料再造艺术

（一）面料再造艺术在系列服装设计中的应用意义及注意事项

1. 应用意义

（1）增强视觉效果

面料再造艺术可以通过改变面料的色彩、图案、纹理等元素，增强服装的视觉效果。例如，使用印染、刺绣、钉珠等工艺手法，可以在面料上创造出丰富的色彩和图案，使服装更加引人注目。同时，面料再造艺术还可以利用折叠、抽褶、编织等手法，形成凹与凸的肌理对比，给人以强烈的触摸感觉。这种视觉与触觉的双重体验，使服装更具艺术感染力。

（2）丰富款式设计

面料再造艺术为服装款式设计提供了更多的可能性。通过对面料的改造，设

119

计师可以创造出独特的服装造型和设计细节，如利用面料拼接、黏合等手法，可以将不同材质、颜色、纹理的面料组合在一起，形成独特的视觉效果和层次感。此外，面料再造艺术还可以用于打造服装的局部装饰，如在领口、袖口、下摆等位置，通过添加褶皱、刺绣等元素，使服装更加精致和富有细节。

（3）提升服装品质

面料再造艺术不仅可以强化服装的视觉效果和造型风格，还可以提高服装的品质和附加值，对面料的精细处理可以使服装更加耐用、舒适和环保。例如，使用环保面料进行再造设计，可以传达出品牌对环保理念的关注和承诺。面料再造艺术还可以使服装更加符合人体工学原理，提高穿着的舒适度和贴合度。例如，通过对面料的剪裁和缝制工艺进行改进和优化，可以使服装更加贴合人体曲线，提高穿着的舒适度和美观度。

2. 注意事项

（1）保持整体风格的统一性

面料再造艺术需要保持整体风格的统一性，包括色彩搭配、图案设计、纹理选择等方面的一致性。只有保持整体风格的统一性，才能使系列服装呈现出和谐、统一的美感。

（2）注重面料的舒适性和实用性

面料再造艺术需要注重面料的舒适性和实用性，包括面料的透气性、保暖性、弹性等方面。只有确保面料的舒适性和实用性，才能使服装更加符合人体工学原理，更具舒适感。

（3）关注环保和可持续性

面料再造艺术需要关注环保和可持续性，包括选择环保面料、减少浪费、提高资源利用率等方面。只有关注环保和可持续性，才能使系列服装设计更加符合现代社会的发展趋势。

（二）面料再造艺术在系列服装设计中的应用

1. 编织、植绒设计系列服装

本系列服装灵感来源于海滩上遗留的贝类（见图5-29）。服装主料选用浅蓝色棉麻面料，面料再造的材料选用绳子、毛线、贝壳，将绳子和毛线运用编织、植绒、打结的表现技法处理出装饰图案，使面料具有较强的肌理感和层次感，体现出海滩形态的延绵起伏和海水的波澜壮阔（见图 5-30）。

图 5-29　编织、植绒设计系列服装的灵感来源

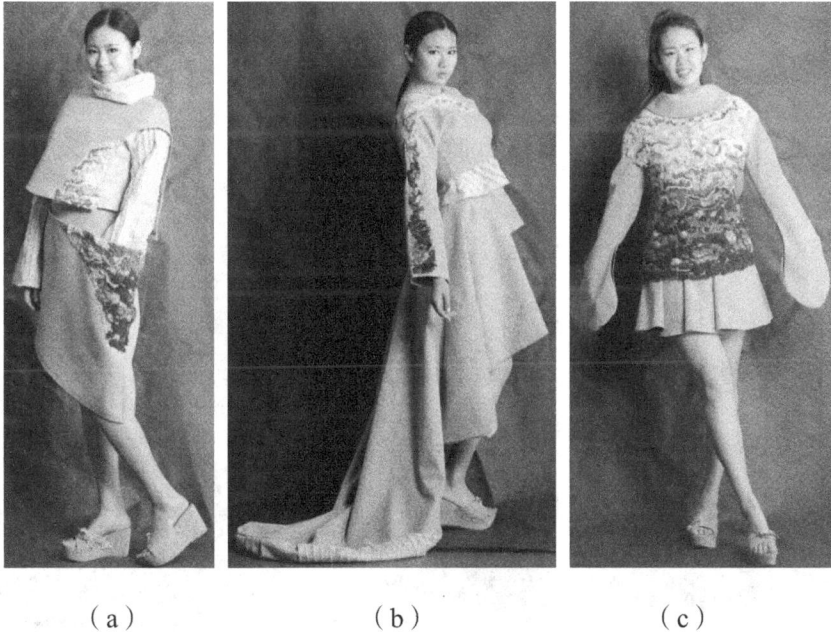

（a）　　　　　　　　　（b）　　　　　　　　　（c）

图 5-30　编织、植绒设计系列服装

2.饰珠、羽毛设计系列服装

本系列服装灵感来源于哥特式艺术风格（见图 5-31）。服装主料选用黑色丝绒和玻璃纱，面料再造的材料选用饰珠、羽毛，饰珠采用不规则手工缝制技法设计，羽毛采用规律性缝合技法设计。面料不同的肌理效果的对比，既体现了哥特式风格的优雅美，又呈现出整套服装的高贵神秘气息（见图 5-32）。

图 5-31　饰珠、羽毛设计系列服装的灵感来源

（a）　　　　　　　　　　（b）　　　　　　　　　　（c）

图 5-32　饰珠、羽毛设计系列服装

3. 拼接、镂空设计系列服装

本系列服装灵感来源于中国国粹京剧（见图 5-33）。服装主料选用黑色、白色皮革，辅料选用白色透明的天鹅纱，用黑色、白色主料进行拼接设计，剪裁形状借鉴京剧脸谱妆容，白色主料进行镂空设计，镂空部分衬上天鹅纱，形成若隐若现的朦胧感。整个系列服装既传承了国粹文化，又体现了女性的柔美（见图 5-34）。

图 5-33　拼接、镂空设计系列服装的灵感来源

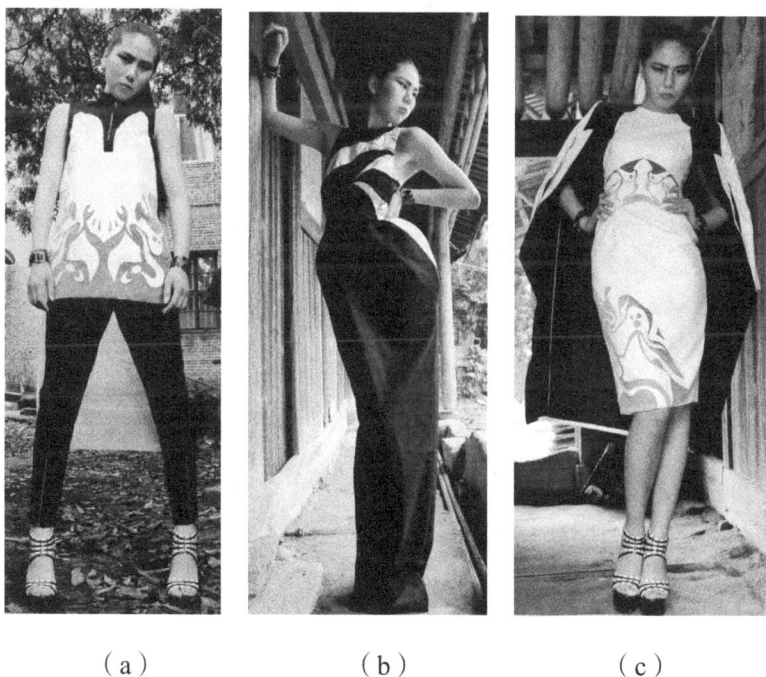

（a）　　　　　　　　（b）　　　　　　　　（c）

图 5-34　拼接、镂空设计系列服装

4. 堆积、填充设计系列服装

本系列服装灵感来源于蜿蜒曲折的梯田地貌（见图5-35）。服装主料选用白色光泽面料，堆积材料选用绿色系玻璃纱，填充材料选用人造棉。设计师通过堆积、填充的面料再造手法，使服装与自然相融合，且呈现出立体廓形的效果（见图5-36）。

图 5-35　堆积、填充设计系列服装的灵感来源

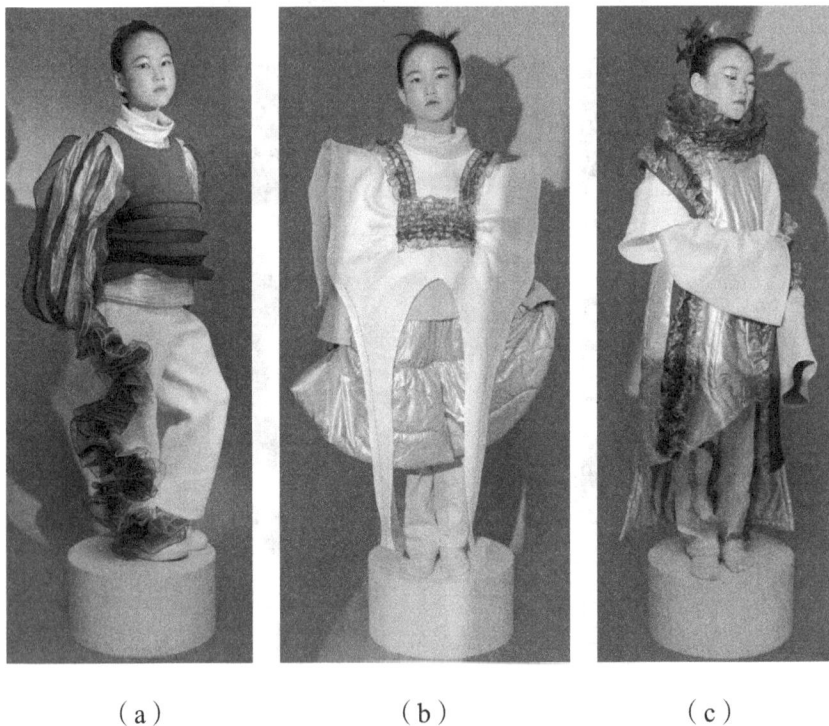

（a）　　　　　　　　（b）　　　　　　　　（c）

图 5-36　堆积、填充设计系列服装

5. 数码印花、扎染设计系列服装

本系列服装灵感来源于联合国人类非物质文化遗产代表作——侗族大歌庆典以及鼓楼层叠的造型（见图 5-37）。服装主料选用灰色、蓝色毛呢面料，运用数码印花和扎染工艺进行组合设计，服装款式以层叠搭配为主，整套服装表现出强烈的民族性和创新性（见图 5-38）。

图 5-37　数码印花、扎染设计系列服装的灵感来源

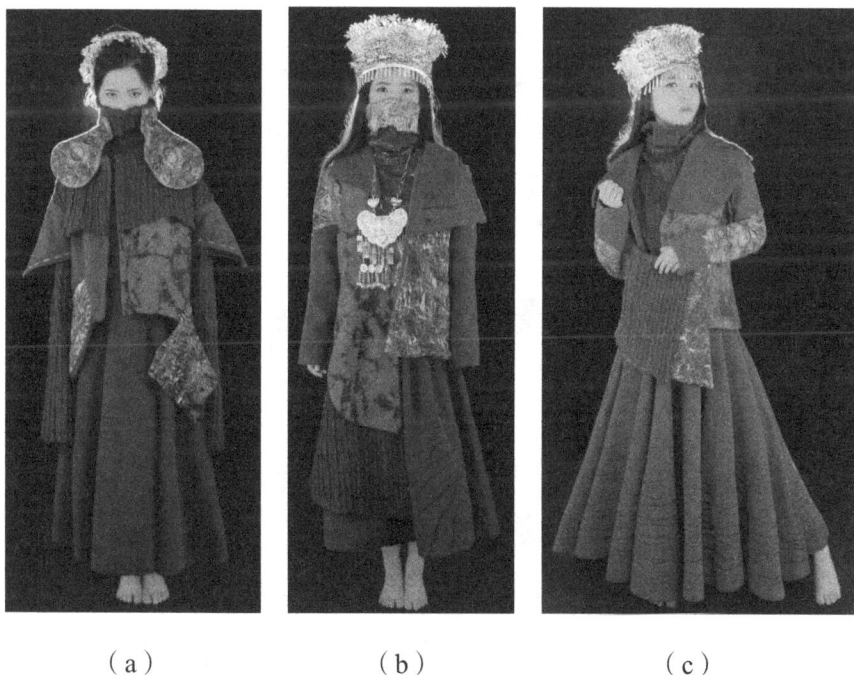

（a）　　　　　　　　（b）　　　　　　　　（c）

图 5-38　数码印花、扎染设计系列服装

6. 拼接、堆积设计系列服装

本系列服装灵感来源于山川（见图 5-39）。服装主料用棕色牛皮纸皮革与具有温润质感的 TPU 材料，用锡箔纸堆积构造的岩石效果把旅行者的探索精神凸显出来。层叠宽松的款式体现了男性的大气、含蓄、硬朗风格（见图 5-40）。

图 5-39　拼接、堆积设计系列服装的灵感来源

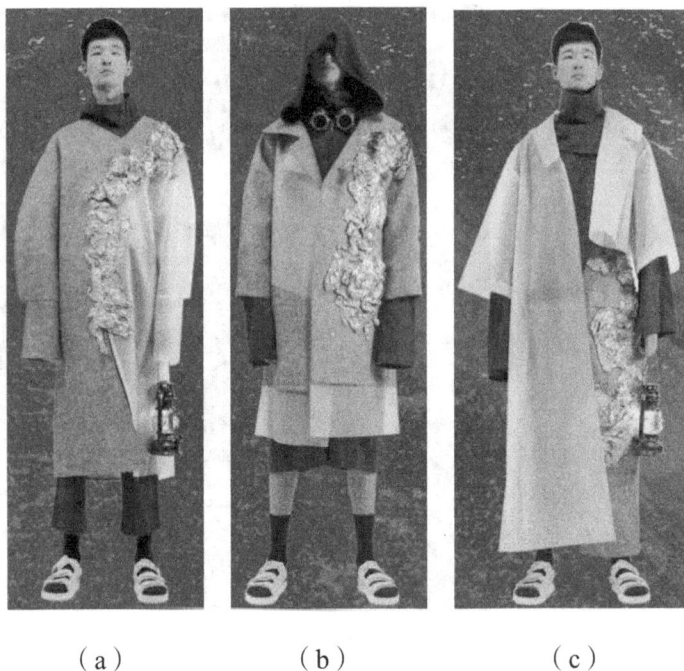

（a）　　　　　（b）　　　　　（c）

图 5-40　拼接、堆积设计系列服装

7. 植物染、数码印花设计系列服装

本系列服装灵感来源于植物染色（见图 5-41）。植物染是中国传统的手工染色技艺，服装主料选用栀子花染色面料，搭配数码印花面料进行拼接设计，两种印染技法充分体现了用传统元素诠释现代服饰的个性化设计风格（见图 5-42）。

图 5-41　植物染、数码印花设计系列服装的灵感来源

（a）　　　　　　　　　　（b）　　　　　　　　　　（c）

图 5-42　植物染、数码印花设计系列服装

8. 铜丝画设计系列服装

本系列服装灵感来源于白墙、黑瓦、马头墙的徽派建筑（见图 5-43）。服装的面料再造运用铜丝画的表现方法进行设计，铜丝制作出绘画图案的轮廓，用丙烯绘制填充建筑的色彩，恰当地将铜丝画与服装零部件融合（见图 5-44）。

图 5-43　铜丝画设计系列服装的灵感来源

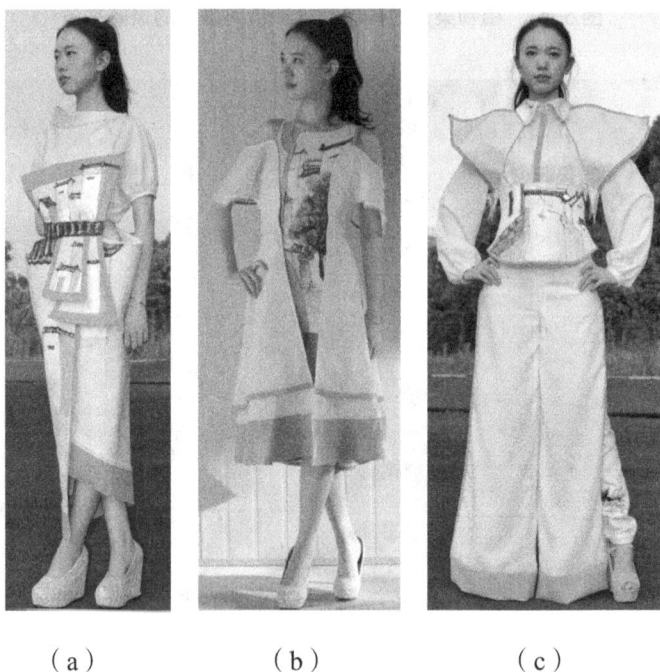

（a）　　　　　　　　（b）　　　　　　　　（c）

图 5-44　铜丝画设计系列服装

9. 编织、镂空设计系列服装

本系列服装灵感来源于雪中红梅（见图 5-45）。面料主料选用红色、白色皮革；面料再造运用编织、镂空的表现方法进行设计。层次分明的系列设计提倡一种自由、自然、自我的设计理念（见图 5-46）。

图 5-45　编织、镂空设计系列服装的灵感来源

（a）　　　　　　　　（b）　　　　　　　　（c）

图 5-46　编织、镂空设计系列服装

129

10. 填充、拼接设计系列服装

本系列服装灵感来源于北极冰川（见图 5-47）。面料主料选用白色系针织面料；面料再造运用填充、拼接的技法，通过夸张的大廓形和小细节处理，既将服装的立体廓形展现到极致，又将个性帅气的服装风格呈现出来（见图 5-48）。

图 5-47　填充、拼接设计系列服装的灵感来源

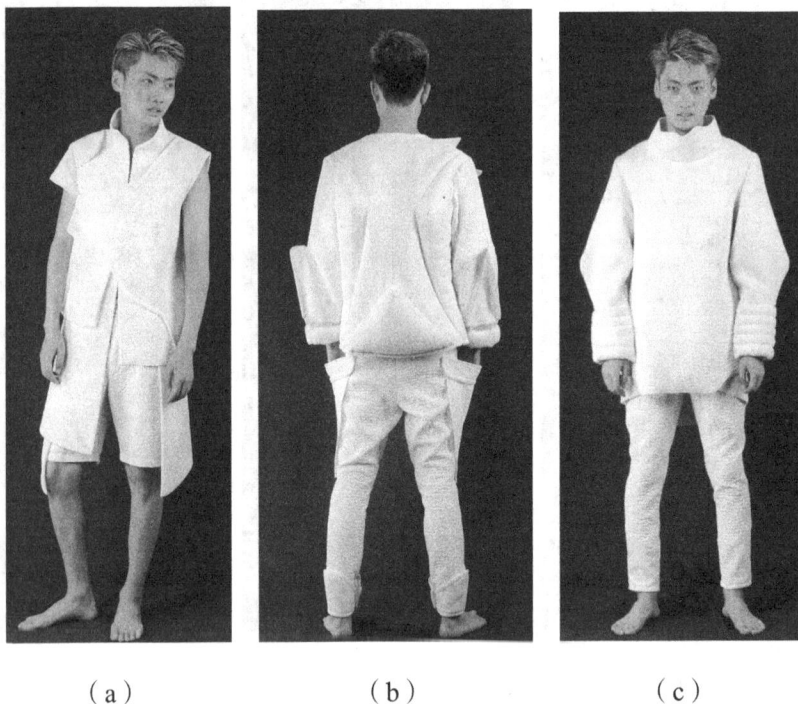

（a）　　　　　　　　（b）　　　　　　　　（c）

图 5-48　填充、拼接设计系列服装

11. 雕刻、印染设计系列服装

本系列服装灵感来源于悉尼歌剧院（见图 5-49）。面料主料选用白色太空棉面料；面料再造运用雕刻、印染装饰，整体造型宽松、肥大且富有层次感，以一种更加自由、随性的方式展现穿着者的个性与风格（见图 5-50）。

图 5-49　雕刻、印染设计系列服装的灵感来源

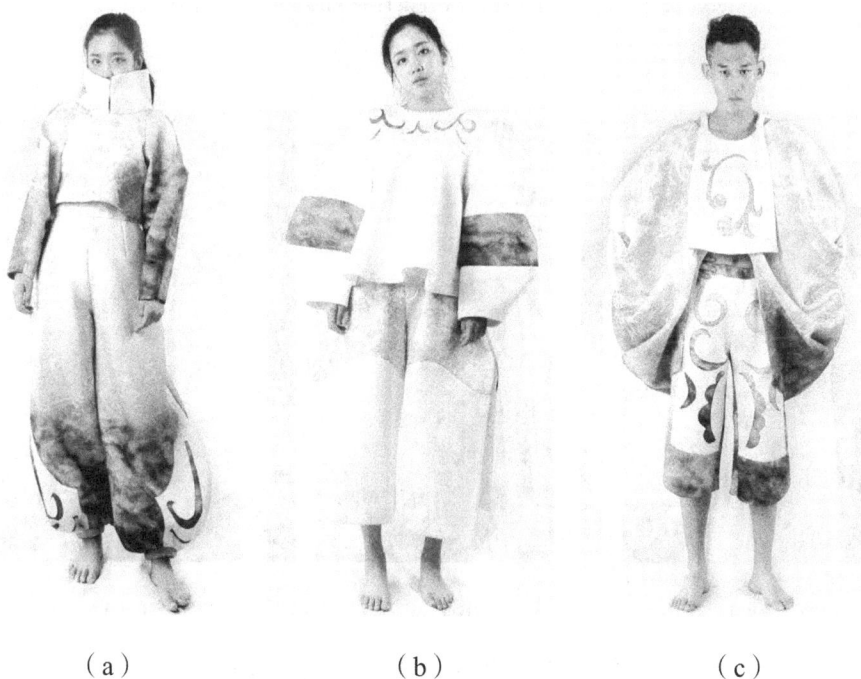

（a）　　　　　　　　　（b）　　　　　　　　　（c）

图 5-50　雕刻、印染设计系列服装

12. 数码印花、层叠设计系列服装

本系列服装灵感来源于土家族织锦——西兰卡普（见图5-51）。面料主料选用红色、蓝色和米色光泽面料；面料再造运用数码印花、层叠的技法，通过层叠搭配设计强化了服装的节奏感（见图5-52）。

图5-51 数码印花、层叠设计系列服装的灵感来源

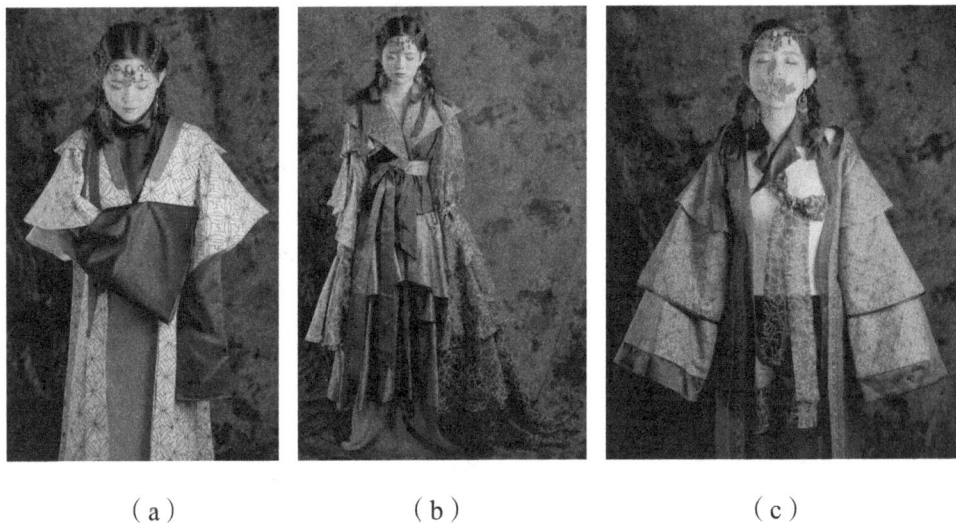

（a）   （b）   （c）

图5-52 数码印花、层叠设计系列服装

13. 拉毛设计系列服装

本系列服装灵感来源于破损艺术（见图 5-53）。面料主料选用蓝色牛仔面料；面料再造运用拉毛技法创造出一种独特而富有表现力的风格，传达出一种复古、随性、不羁和叛逆的时尚态度（见图 5-54）。

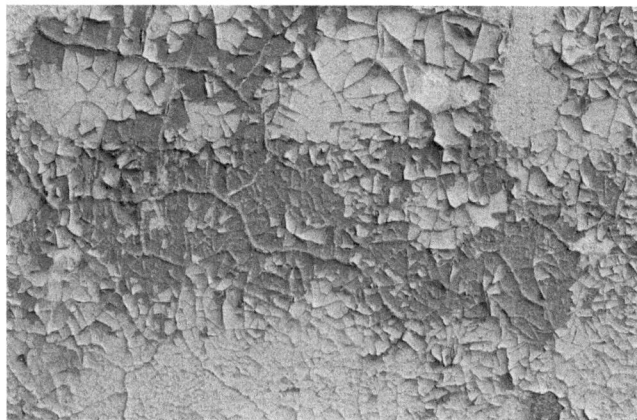

图 5-53　拉毛设计系列服装的灵感来源

　　（a）　　　　　　　　　　　（b）　　　　　　　　　　　（c）

图 5-54　拉毛设计系列服装

14. 拼接、抽缩设计系列服装

本系列服装灵感来源于建筑的瓷砖墙面（见图 5-55）。面料主料选用黄色、咖色的光泽性面料；面料再造运用拼接、抽缩的技法，呈现出独特而富有创意的砖面视觉效果，创造出丰富多样的面料效果（见图 5-56）。

图 5-55　拼接、抽缩设计系列服装的灵感来源

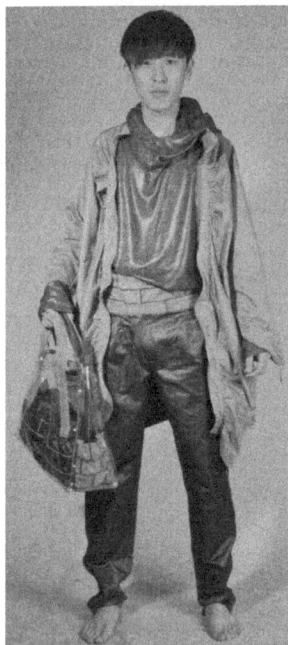 

（a）　　　　　　　　　　（b）

图 5-56　拼接、抽缩设计系列服装

134

15. 层叠、堆积设计系列服装

本系列服装灵感来源于烟花（见图 5-57）。面料主料选用粉色系毛呢、玻璃纱面料；面料再造运用层叠、堆积技法。毛呢面料保形性能好，能将礼服合体的造型完美地呈现出来，玻璃纱挺括性能好，能将礼服夸张的廓形恰当地表达出来。层叠、堆积设计是设计夸张礼服造型的首选再造技法（见图 5-58）。

图 5-57　层叠、堆积设计系列服装的灵感来源

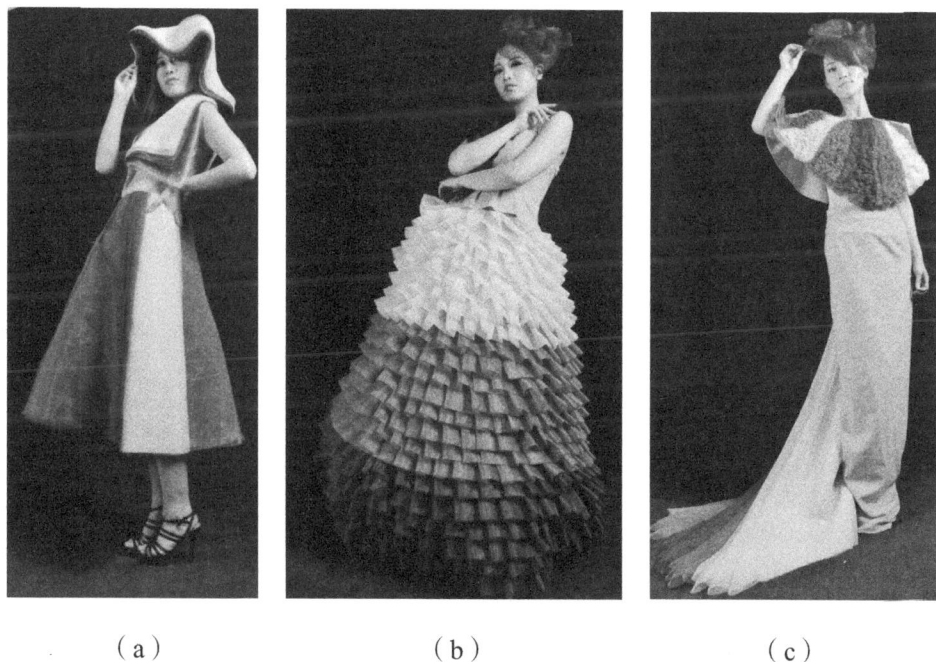

（a）　　　　　　　　（b）　　　　　　　　（c）

图 5-58　层叠、堆积设计系列服装

　　面料再造艺术在系列服装设计中具有广泛的应用价值和意义。通过对面料的二次设计和创新处理，可以为服装增添独特的视觉效果和触感体验，同时提高服装的品质和附加值，并传达出品牌对环保理念的关注和承诺。因此，在系列服装设计中，设计师应充分利用面料再造艺术的手法和技术手段，创造出更加独特和富有创意的系列服装。

参考文献

［1］ 吴微微，全小凡.服装材料及其应用［M］.杭州：浙江大学出版社，2000.

［2］ 濮微.服装面辅材料的选择与应用［M］.上海：中国纺织大学出版社，2000.

［3］ 张星.服装流行学［M］.北京：中国纺织出版社，2006.

［4］ 刘元风.服装设计学［M］.北京：高等教育出版社，2005.

［5］ 徐青青.服装设计构成［M］.北京：中国轻工业出版社，2001.

［6］ 李当岐.服装学概论［M］.北京：高等教育出版社，1998.

［7］ 陈建辉.服饰图案设计与应用［M］.北京：中国纺织出版社，2006.

［8］ 张文斌.服装立体裁剪［M］.上海：上海科学技术出版社，2000.

［9］ 王朝晖，邵旻.服装装饰工艺［M］.上海：中国纺织大学出版社，1999.

［10］ 奚燕锋.服装面料的二次设计及应用［J］.南通纺织职业技术学院学报，2007（2）：26-29.

［11］ 徐丽慧.服装材料的发展创新与时装的流行［J］.齐鲁艺苑，2007（3）：33-35.

［12］ 曾真.浅谈面料再造在服装设计中的重要性［J］.美术界，2006（11）：56-57.

［13］ 何继丹.服装设计积压面料再利用［J］.装饰，2005（2）：107.

［14］ 陈耕，伍魏.服装设计与材料的表面肌理［J］.山东纺织科技，2001（6）：34-36.

［15］ 吴微微.论织物肌理的设计［J］.丝绸，1995（10）：39-42.

［16］ 余卫华.服装面料的二次设计［J］.丝绸，2001（9）：26-27.

［17］ 陈继红.服装面料肌理在服装设计中的运用［J］.武汉科技学院学报，2002（5）：18-21.

［18］ 吴永红 . 服装的面料风格与设计［J］. 南昌职业技术师院学报，1994（4）：70-71.

［19］ 魏静，于国瑞 . 现代服装材料的设计艺术［J］. 上海纺织科技，2003（5）：45-46.

［20］ 孙晓军 . 服装面料形态的重塑与表现［J］. 艺术教育，2007（7）：125.

［21］ 陈丽莉 . 论服装面料的再设计［J］. 艺术与设计（理论），2007（7）：135-137.

［22］ 陈敏，周莉英 . 面料再造设计在服装设计中的应用［J］. 宁德师专学报（自然科学版），2011，23（1）：55-58.

［23］ 孙家珏，邓丽君 . 面料再造中的增型处理在女装设计中的应用研究［J］. 美术大观，2018（12）：102-103.

［24］ 车卫东，靳长缨 . 面料再造在服装设计中的艺术表现探析［J］. 纺织导报，2011（6）：96-97.

［25］ 车卫东，王京菊，唐怡 . 面料材质与服装造型风格的关系［J］. 纺织导报，2013（5）：94-96.

［26］ 李晓峰，陈良雨 . 面料肌理在服装设计中的运用［J］. 文学界（理论版），2013（1）：379.

［27］ 李菊 . 扎染技术在平面设计中的应用［J］. 现代装饰（理论），2014（2）：123.